コッペパンの本

木村衣有子 Kimura Yuko

SHC

はじめに

ぽってりと丸みを帯びて、柔らかいパン、コッペパン。

郷愁を誘うも、いわゆる「おふくろの味」とは切り離された懐かしさがある。家庭内でこしらえられはせず、そこから外へ出てはじめて知る味でもあるから。家庭ではなく社会の味、というべきか。


コッペパンの本を作っている、と周りに切り出すと、こんな言葉が返ってくる。

「揚げパンはコッペパンなの?」

「コッペパンというのは、やきそばパンのこと？」

「コッペパンって、知ってるようで知らない……未知なるパン」

存外、コッペパンというものの輪郭ははっきりしていない。小銭を出せばさっと買えて、温めずに、すっと食べられる、ほんとに大衆的な存在なのに、不思議なものだなあと思った。

その不思議さを解き明かすために、コッペパンをこしらえる人、売る人たちに話を聞いてまわった。その人たちの言葉から読み取れるのは、長いこと焼き続けた、継続の手応え。また、いかにも朴訥なパンだというイメージのあったコッペパンの価値をあらためて見出し、磨くことに励む人たちを知る。


あなたもどうぞ、いざ、コッペパンの世界へ。

もくじ

東日本のコッペパンは
「腹割り」にして具を挟むのが主流

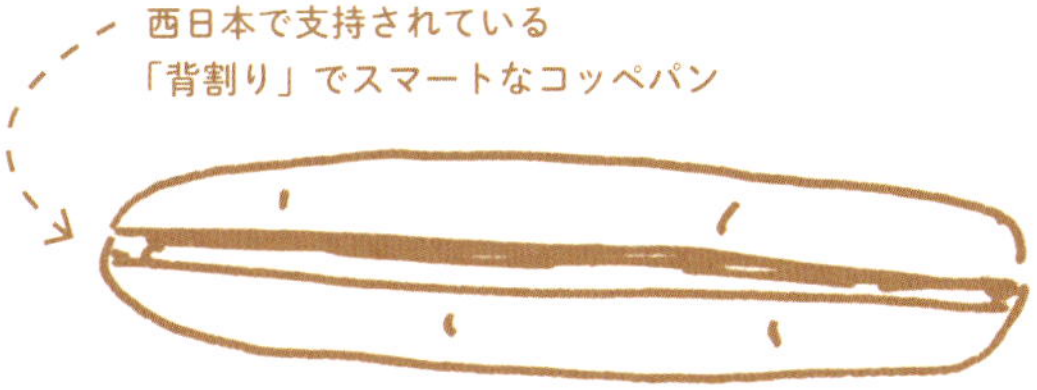
西日本で支持されている
「背割り」でスマートなコッペパン

うまい

コッペパンよもやま話　137

※本掲載の値段は2016年9月時点のものです。

1章

専門店のコッペパン

福田パン
吉田パン
ゆうきぱん
iacoupe
coppee+

岩手・盛岡

福田パン

コッペパンの王道

since
1948（昭和23）年

製造数
平日13,000／週末17,000／GW20,000

うちのコッペパン
噛んだときに、ぱふっ、ていう感じの歯応えで、
ちょっと引きのあるくらい。
あんまりふわふわでも物足りない

コッペパン探求の道中で、これは『福田パン』をスリムにしたようなサイズだな、とか、福田パンよりふわっとしてる、とか、ついつい福田パンを基準にしてコッペを観察しがちだな、と気付いた。

コッペパンのイメージをそのまま具現化したような存在、それが福田パンなのだ。

ただ、味わいは、今時のコッペパンとはちょっと違っている。世に多いのは、コッペパンそのものを千切って口に入れるとほわっと甘みを感じるもの。けれど、福田パンは、まず塩気がある。

口触りは、むぎゅっ、という感覚だ。しっかりした皮と、もにゅーっとした柔らかく白い中身を一緒に齧ると、そんな印象になる。

岩手は盛岡の福田パンを知ったのは、10年と少し前だ。その頃創刊されたばかりだった地元リトルプレス『てくり』の「いつもこころに、福田パン」と題された記事がきっかけだった。そこには「おにぎりが日本人のお袋の味なら『福田パン』はさながら盛岡人のソウルフード」とあった。その後、このコッペはしばしば「ソウルフード」と形容されるのだが、最初にそう謳ったのは『てくり』にちがいないと思っている。

載っている写真をみると、福田パンの本店は濃いピンク色の庇《ひさし》が目印らしい。この街の、どのあたりにあるのかな。地図を開き探すよりも先に、その前をよく通りがかっていた餅菓子屋さんの店先に貼り紙を見つけた。

「福田パン　有ります」

店頭にぽってりしたコッペパンが並んでいる。これが、福田パンなのか。

当時の私は東京と盛岡をしょっちゅう行き来していたこともあり、東京に戻る電車の中で食べるのにちょうどいいなあと、しばしばそこでコッペを買うことになった。えらくボリュームがあるなあと感心しながら、食べていた。同じ頃、盛岡のスーパーマーケットのパンの棚にも『福田パン』を見付けた。まだ本店まで辿り着いておらず、街の地理もそれほどよく把握していない私なのに、もう、あちこちで福田パンを発見している。なるほど、たしかにこれは、この街ならではのパンなのだ。


コッペパンの本を作ろう、と決めてから、長田町にある本店にあらためて来てみた。初雪の祝日、朝9時半。駐車場はほぼ埋まっていた。店の前で、買ったパンを持って記念写真を撮っている人がいた。ただ外観を撮る人も。私も撮る。行列ができている。店の外まではみ出していないまでも、お客さんは10組は並んでいる。間違いなく寒い日だから、街はわりあいしいんとしているが、ここだけほわっと熱気がある。

具は「野菜サンド＋コンビーフ」を選んだ。辛子とマーガリンが効いて

いて、水気のたっぷりあるキャベツ、トマトが瑞々しい。今日は寒いこともあり、パンそのものはほんのり温かく感じられる。対して野菜はひんやりしていて、その温度差が心地いい。

その次に来たのは、真冬の日曜日。お昼過ぎだったせいか、コッペ待ちの人たちも前ほどは多くなかった。

私よりはやや若くみえる女の人たち4人組が順繰りに注文をしている。まず、全員、開口一番「あんバター〝と〟」。とりあえずビールならぬ、とりあえずあんバター。その中のひとりは「あんバターと、キーマカレーと……あとなにか甘い系、クッキークリームと……私、あんバターって言いましたっけ?」

あんバターを注文することはあまりにも当たり前すぎて、もうその名を口にしたかしないかを忘れてしまう。けれど決して買い逃したくない、ということか。がっしりと根を張る定番の力、恐るべし。

注文の3割を占める、いちばん人気のあんバターは、三代目社長の福田潔さんが子供の頃、40年くらい前からメニューに加わったという。福田さんの母が「あん」と「バター」というふたつの注文を、うっかり一個のパンに塗ってしまった、という小事件がきっかけだ。

「うちであんバターがはじまったのはおふくろの間違いからだという話ですね。もったいないので、あとで食べたらおいしかったって、で、メニューに入れたという話でした。多分、あんバターは全国あちこちで自然発生的にあったと思うんです。最初は、あんこはあんこ、バターはバターで売ってたのが、合わせてみたらおいしかったって。うちもそうなんですけど。私の知り合いで、今70になる遠野の人が、学生の頃東京で、部活の先輩に、コッペパン屋行ってあんバター買ってこい、と言われたことがあるそうです。20歳ぐらいだとすると1960年代ですか」

福田パンの主役はもちろんコッペパンなのだが、実は純然たる専門店というわけではない。長田本店のカウンターの端っこには、ここでは「山パン」と呼ばれているイギリスパンや、バターロールもわずかながら用意されている。

「私が子供の頃は、コッペパンより食パンサンドの注文のほうが多かったと思います。昔は、菓子パン類ですとか、いろいろなパンを作っていました。コッペパンはその中のひとつでしかなかったんですけどもね。今は9割がコッペパンですね。平均すると一日13000個、土日で17000個。バターロールは一日に100、200個。食パンも、60本でも多いほうかな」

かつての食パンサンドというのも、注文を受けてから具を塗ったり挟んだりする方式だった。

「戦後間もなくのパン屋はそういうスタイルでやっていたところがけっこうあったと聞きますけども。全国あっちこっちで、古いパン屋はそういうスタイルで残ってるという話もありますもんね。多分、いろいろなパンを作れなかったので、自分たちであんこ炊いたりジャム炊いたりして、中身を替えて種類を増やしてたって」

コッペパンをこしらえはじめたのは、およそ60年前だそうだ。岩手大学（以下、岩大《がんだい》）の学生のために作ったのがはじまりだから、食べ盛りサイズで、当時は今よりもやや大きかった。原型は「ソフトフランス」。

「フランスパンは作っていたそうなんですけども、買ってくれるのは、大学の先生、あとは、近くにある教会の牧師さん、海外留学経験のある画家さんぐらいだったようですね。そういう、ほんとのフランスパンだと馴染みがなくて、学生さんたちは食べにくいので、少し砂糖入れたり油脂入れたりして」

その名残で今でも、福田パン社内では、コッペパンを「フランス」と呼んでいるのだった。

「昔のコッペパンはもっと噛み応えがあったんですよ。二十数年前に、柔らかさをプラスしました。ヤマザキのダブルソフトが大流行で、パン、イコール柔らかいものという認識になって。コッペパンって、こういう生地でなければならないという決まりはないですからね。形がコッペですからね」

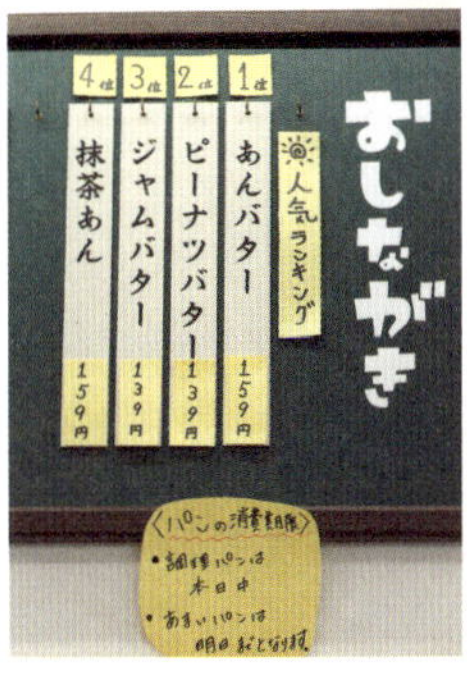

本店の、カウンターの横にテーブルと椅子が置かれた一角で福田さんに話を聞いていて、そこから、列を作っているお客さんのほうを見やると、みんな、視線は、斜め上に投げかけられていることに気付いた。メニュー表がカウンターの上に掲げてあるからなのだけど、そのせいで顔がはっきりと、表情が明るく見える。もちろん、コッペを心待ちにしていることもあるにちがいない。

そのお客さんらの注文を受けた女の子たちが、あらかじめ切れ目を入れてあるコッペパンを取り、開いて、そこにあんこやクリームを竹べらで塗っていく動作は、とても素早い。あちこちで塗りの風景を見てきたけれど、その中でも最速だろうと思われる。

すごくスピード感がありますね、と単純な感想を述べたところ「入って1か月の新人ですよ」との福田さんの言葉に、心底驚いた。

「今はあえてベテランは裏方に入ってもらっています。今は新人さんが入ってちょっと慣れた頃で、もっと慣れてもらおうって。いつまでもベテランがね、そこばっかりやっていると新人さんがおぼえられないので。できるだけ待たせないように、早く。マニュアルはありませんから。その人のやりやすいように。こう持って、こう塗らなきゃいけない、ということはないですから」

働く人の、塗りや包みの手早さを眺めていながら、こちらの気が急かされることはない。それは、マニュアルがないゆえかもしれない。

前述の『てくり』を広げると、おばさんがカウンターに立っている写真が載っていた。67歳まで頑張ってくれた、と福田さんがそのページを見つめて言う。その頃と変わったところは、かつてはクリーム類をプラスチック製の容器に入れていたこと。割れてしまうという問題があり、今ではステンレスの容器にしている。クリームを塗るための道具が和菓子用の竹べらなのは変わっていない。一度に掬える量が多くて、滑らないというのが利点だそうだ。

『てくり』スタッフに、福田パンとの出合いを訊ねると「この近くの高校に通ってて、週に3日ぐらいは昼に抜け出して買いに来たんだよね」とか「私は盛岡じゃなくて遠野出身なんだけど、30年以上前、友達の家に泊まりに行ったときに、近所に朝市が立って、そこに福田パンというものがあってねって教えてもらって」などと、くっきりと思い出してもらえる。また「福田パンというものがあって旨いって周りから聞こえていて、高校に行けば購買に福田パンがあるはずと思っていたらなくてがっかり」という話も出た。それから年を経て「子供が通っていた保育園で、イベントのときにぼぼーんって出てきた」「医大に入院したときに食べました」などとも。盛岡の人の生活にがっしりと組み込まれていると、よく分かる。

岩手でのいちばんの有名人といえるだろう宮沢賢治と、福田パンは、実は縁が深い。

初代の福田留吉さんは、１９０６（明治39）年、花巻生まれで、稗貫《ひえぬき》農学校（現・花巻農業高校）に通っていた時分、賢治の教え子だった。卒業ののち、進学したかったが農家の末っ子と

いうこともあり学費が用意できずにいた留吉さんは、賢治の紹介で盛岡高等農林学校（現・岩大）に勤める。
「大学の先生の助手の仕事を世話してもらったそうです。実験の準備を手伝ったりして、お手伝いしながら、一緒に授業を受けさせてもらっていたって話です」
岩大は、福田パン本店からはそう遠くない距離にある。助手時代の留吉さんはこのあたりに住んでおり、近所の酒屋さんの紹介でお見合いをし、結婚をする。
「納豆菌の研究で有名な村松舜祐先生という先生の推薦で、大阪府立衛生研究所の研究員の仕事を紹介してもらって。次に、１９２８（昭和３）年に、京都宇治の、マルキイースト研究所に入った。京都にいたときは、川沿いの大きな一軒家を与えられていたそうでして、向こうの待遇はすごくよかったと叔母が言ってまして。盛岡には１９４６（昭和21）年に帰ってきたんじゃないかって。ですので、うちのおやじも京都生まれになるんですかね。じいさんは、学校の教員の資格も持ってて、こっち戻ってきて、教師やろうか、パンも作れるからパン屋やろうか迷ったらしいんです。けど、子供７人抱えていて、教師ではちょっと食ってけない、商売やったほうがいいんじゃないかというのでパン屋はじめたと言ってましたね。私は小ちゃい頃は、じいさんが晩酌してるとこ、膝にちょこんとのっかって、歌をうたったりして、そういう陽気なところもあったんですけど、頑固、真面目でしたね」

留吉さんは、福田パンを開業して間もなく、仙台の、進駐軍のパン工場の長も務めることとなる。英語の読み書きが得意だったため、通訳もしていたという。

「〝監督〟と呼ばれていたらしいです。うちのじいさんが仙台に連れてかれてたときは、店は、ばあさんと、子供たちも手伝ってたって。朝早くから起きて、いろいろ仕事して、学校でもう眠くて仕方なかったって言ってました。京都から、多分、マルキさんの使い古しの、製粉機と精米機を持ってきてたそうです。パン作る材料が入ってこないあいだは、小麦を預かって製粉してそれでパンを作ったり、玄米を精米して手間賃をもらったりとか、そういうことをしていたそうです。全国で、昭和23年創業のパン屋は多いので、材料が入り出したときかもしれないですね。カルピスみたいな飲みものも作って売ってたって言ってましたね」

カルピスもそういえば発酵の賜物の飲みものだ。

トレードマークの、コック帽をかぶり、オッケーのサインを出すおじさんのイラストは、その仙台時代のお土産である。

「指導に来ていたカナダ人が、母国の自分の店で使っていたイラストだそうです」

また、工場の看板や、スーパーマーケットなどに卸しているパンのパッケージなどにあしらわれている、円の中に三角形が向かい合い、1本の線でつながれているトレードマークは、福田家の家紋をアレンジしたものだ。

「おやじが、丸に三本線のうちの家紋にいたずら書きをしたと言ってました」

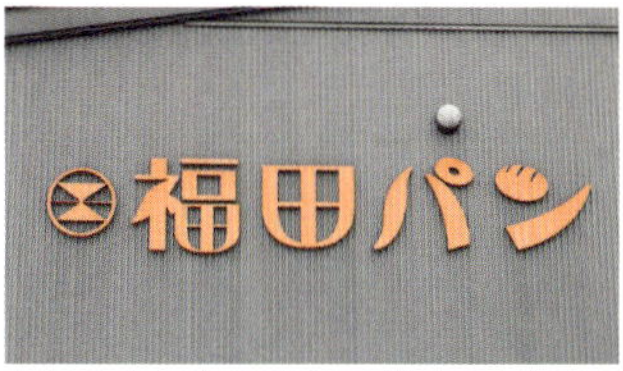

今ではそのお父さんから家業を継いだ福田さんの、これまで。

福田さんは高校卒業後に上京し、高田馬場の東京製菓学校、パン専科に通った。高校時代から茨城のサッカーチームに籍を置いており、パンとサッカーに明け暮れる濃密な1年間を過ごしていた。

「作業の手の感覚とかそういうのよりも、製パン理論、座学がためになったなと思います。そっちは学校に行かないとなかなかおぼえる機会はないので、例えば、冬になって発酵が遅れて、ホイロで上に伸びが悪いとか、なにか起こったときに原因を探るとなると、やはりあのときの座学の知識が役に立ちますし、そういうのが頭の中に入っているほうが有利だと思います。先生には、パン作るセンスはあるって、褒めてもらいましたね。努力は必要だけど、やっぱりセンスがないと無理なんだって、先生ははっきり言ってました。そこそこまではね、行けますけどね、もっと上目指すには、限界があるんだなということでしょうけどね」

卒業後『新宿中村屋』に就職し、松戸のベーカリーショップ『Fariene《ファリーヌ》』に配属される。

「パン学校出の奴が入ってくるっていうんで、先輩たちはどんなすごい奴が来るんだ、と思ってたらしいんですけど、まあ、学校で習うのは、丁寧にいいパンを作りましょうということなので、作業スピードは遅いんですよね。いきなり4月の繁忙期にぽーんと入りましたんで、ほんとにぐったりでしたね、毎日。理論よりも実践、全部手作業の成形で、とにかく急がないと

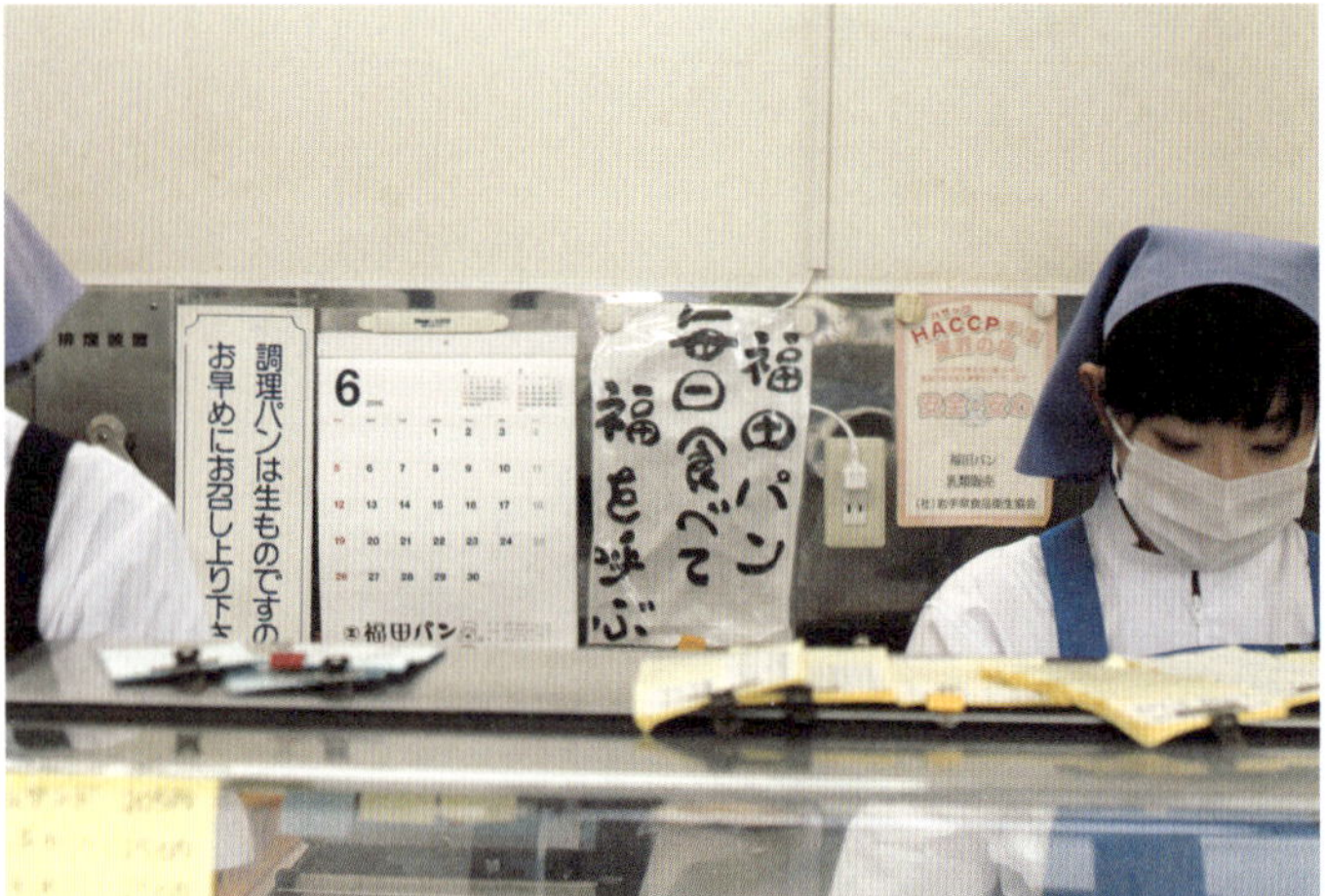

調理パンは生ものですの
お早めにお召し上り下さ
6
福田パン
福田パン
毎回食べて
福を呼ぶ
HACCP

次から次へと生地来ますんで。いろいろなパンづくりをさせてもらえて、そこもすごく勉強になりましたね。ただ、福田パンが人手不足だっていうので、盛岡に呼び戻されてしまいまして、1年もいられなかったんですけど」

2年ばかり家業に従事し、再び福田さんは上京する。そこではパンとはまた別の仕事をし、結婚もした。そして10年の東京暮しを経て、盛岡に帰る。

「その頃は、メインはコッペパンになっていましたね。まだ、大きいテーブルを置いて菓子パン類も袋に入れて並べてましたけども」

東京で働いていた時間があってこそ、外からあらためて地元を見つめたから、自信を持って、岩手から出ないと言えるのでは、と、私は思う。

「そうかもしれないですね。東京の経験があったから、地元を見直せるんだと思います」

福田パンとしての、今後のコッペの展望はどのようなものでしょう、と訊ねた。

福田さんの答えはとてもシンプルなものだった。

「現状維持、ですね」

そしてこう続ける。

「現状維持することはすごく難しいんですよ」

一軒の工場でパンを焼き、お店では人力でクリームを塗り続け、お客さんには、時には並んで待ってもらう。このスタイルを固持しているが、もっと沢山の人に届けるために手広くやりましょうよ、との誘いは絶えない。ただ、その言葉に乗ってしまえば、なにか、根本が変質してしまうと福田さんは分かっている。

「岩手からは出ません。商売のエリアは、基本的には県内にとどめておきたい。〝岩手の〟〝盛岡の〟それぐらいの規模でいい。それが福田パンに合っているんだろうなと思いまして。競争に巻き込まれたらすぐ駄目になると思っていますから」

「うち、絶対値引きしないです」とも福田さんは言った。私がはじめて福田パンを買った、餅菓子屋さんのように、個人商店で一日に十数個ほどの注文のところと、かたや400、500個まとめてという大きなスーパーマーケットと、卸値は同じにしているのだと。

まっとう、という褒め言葉は安直に使わないようにしようとあるときから決めていた私だが、今、福田パンに対して使わないでおいてどこに使うというのか。

今年の私は、東京は北千住と福島市を行き来しつつコッペパンを探求する日々を送っていて、福島駅ビルに入っているスーパーマーケットにも、月に1度、袋入りの福田パンが届く日があると知った。「あん・バター入りサンド」「つぶ入りピーナッツサンド」「クッキー&ストロベリー」などが並ぶ横には「岩手県民のソウルフード　数量限定入荷！」と貼り紙がしてある。カートに寄りかかるようにしながら、それをしばらく眺めていたおばあさんは「なんだか分かんねえけど……」と、独り言を言いながらも、買い物籠の中にコッペを幾つか入れた。

特段、思い出がまとわりついていなくても、そもそもよく知らなくても、まあ買ってみっぺ、と、福田パンのぼってりした佇まいはどこでも人を惹き付けるのだ。

『てくり』第2号　まちの編集室　2005

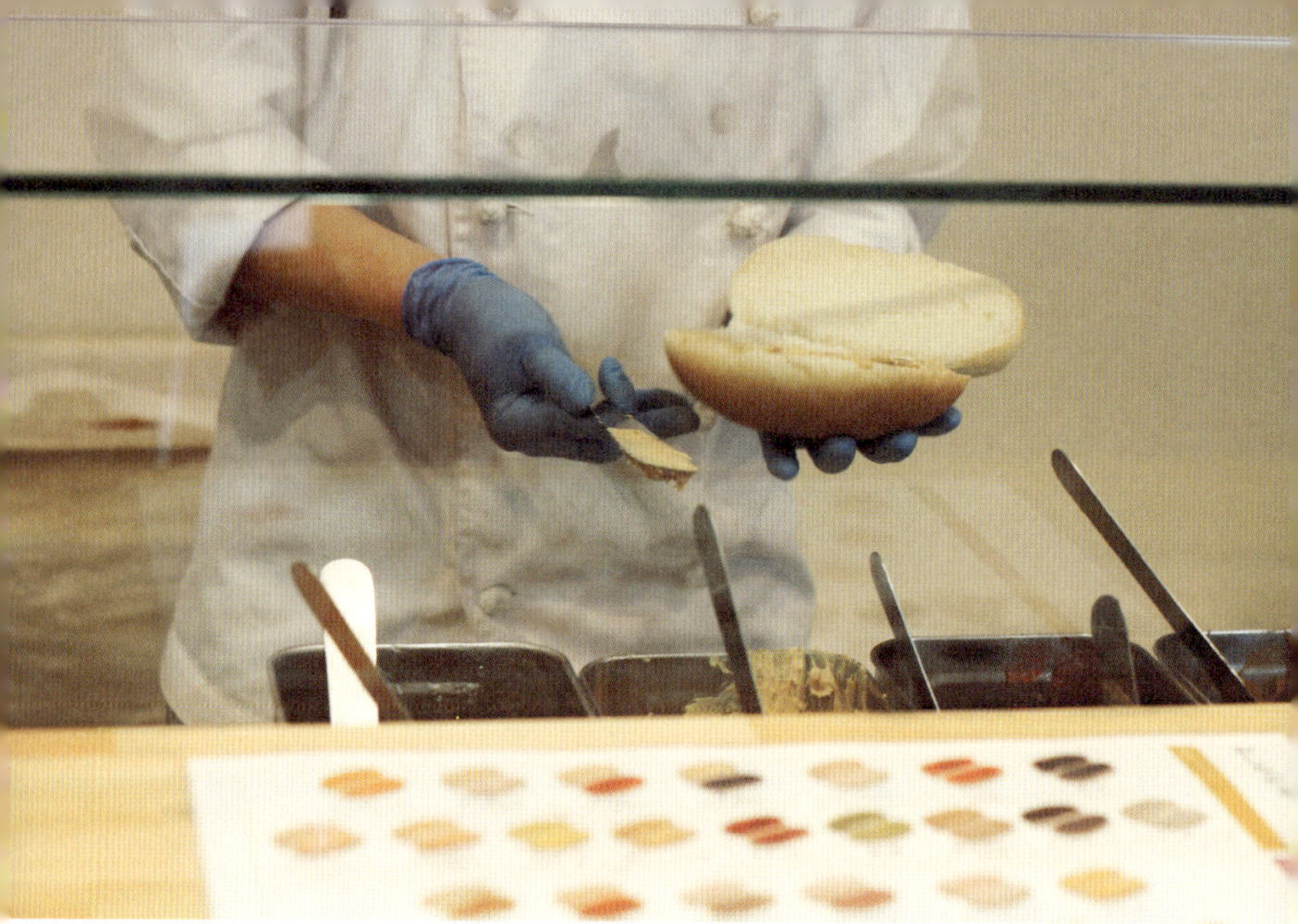

東京・亀有

吉田パン

美しいコッペパンの開き

since
2013年

製造数
2,100〜2,200（亀有本店、ルミネ北千住店の合計）

うちのコッペパン
お客さんには、しっとり、もっちりと、
ほんとによく言われます

コッペパン専門店『吉田パン』が、東京は亀有に開店したと知らせてくれたのは、盛岡の友達だった。『福田パン』の佇まいを伝える店だ、と。3年半前のことだ。早速出かけてみたのをおぼえている。そしてその日は買えなかった、ということも。手帳を見返すと、オープンから4日後の出来事だ。お昼頃に着いたら、あまりの人気に売り切れで、あと1時間程待ってもらえれば、とのことだった。こちらはかなりの空腹のため、日を改めようと、開店を知らせるちらしを1枚もらって、近くに餃子を食べに行った。

それから程なくして再訪。すると、店の前には、行列ができていた。私は、盛岡の味を求めに来たつもりで、でも、みんながみんなそういう心持ちでやってくるわけでもないはずだろう。なぜ、これほどまでに、コッペパンが求められているのか？

そんな問いを胸中にしまいこんだまま、コッペパンを買って帰る。

初めて目にした吉田パンのコッペは、ぽってり、むちむちとしていた。もちろん、おいしかったが、列を成すお客さんは、おいしさだけを求めて来ているのか、どうか。

吉田パンの店主、吉田知史さんは、東京の生まれ育ちで、亀有に住んで10年になる。

「出身は江戸川区小岩なんです。吉田パンやってると、お客さまに、私も盛岡なのよ、とよく言われて、握手されたりするんですけど……東京なんです、ただ、師匠が盛岡なんで、盛岡がふるさとになってます、とお伝えしています」

開店お知らせのちらし

では、盛岡とはどんな縁があったのだろう。

「妻の妹がですね、盛岡に嫁いだんですよね。盛岡生まれ、盛岡育ちの義理の弟は、すごいソウルフードを吉田さんに食べさすからねー、って言うんですよ。あんバターを手の上にぼーんと置かれたんです。一口食べて、びっくりしました。うわあっ、と。ほんとに愛の深いパンだなと。東京のこの下町地区のいろいろなパン屋さんでも、わりかし、よかったらコッペパンにジャム塗りますよ、みたいなお店はあったんです、もちろん。でも、端のほうにあったんですよね。だけど、コッペパンをメインストリームにしちゃってる人がいた。最初、僕、福田パンをそのままやりたかったんですよ。いろいろな人たちのお世話になって、どうにか、ご縁を結ぶことができて、三代目社長の福田潔さんと、本店でお話をさせてもらいました」

そのときのいきさつを、福田さんにも訊いた。

「福田パンは、ここだけでじゅうぶんです。パン屋をやるなら、自分たちで気に入った生地を作って、好きなものを挟めばいい」という考えを、福田さんは吉田さんに伝えたという。その上で、一度もパンを作ったことがなかったという吉田夫妻に、福田パンの工場にて、生地の基本を教えた。

「手捏ねで、パン作りを潔さんも一緒にやってくれて。真髄を伝えてくれたと思っています。で、半年で、開店までこぎつけましたので。それが2013年4月26日です」

なるほど、吉田さんは、福田パンをそのまま再現しようとしているわけではないのだった。たしかにパンの焼き色も違うし、サイズもやや小ぶり。

「福田パンの作りかたとも、福田パンの材料とも違うんです、私たち。スタートしたときから、吉田さんの味を追求していってと言われて。吉田さんが作るから、吉田パンだよって。うちは、一生懸命作るだけなんです。ただ、シンプルなパンだから成形にもこだわろうと言ってるんです。食べておいしい、見ておいしい、じゃないですけど、きれいなものをお届けしようって。やっぱり、作るものを美しく見せたい」

コッペパンをどう見せるか、というところにどこよりも情熱を注いできたのが、吉田パンだ

レジ脇に飾られている、
コッペを手にしたうさぎの飴細工

と思う。その熱気が、コッペパン、という懐かしさのかたまりみたいだったものを、新しい光で照らし出した。

吉田パン発祥なのでは、と思っている見せかたの工夫は、コッペパンの開き、である。腹割りにしたコッペパンをぱかっと開いた写真がちりばめられたメニュー表は、明解かつ洒落ていて、ずうっと見つめていたくなるようなものなのだ。そう伝えると、吉田さんは笑った。

「あはははは！　開いてみせなきゃ伝わらないから。いやー、こうやって見せるしかなかったんです」

やっぱり、吉田さんは、どう見せようか、ということを考える仕事をしてきた人だった。

「私はずっと、横糸縦糸、洋服のほうだ

あんマーガリン　190円

ったんですよ。どちらかというと、人さまに振り返ってもらえるような、あれってなにかなと思ってもらえるような、仕掛けるほうの役目の仕事だったんですよね。でも、どうやって仕掛けたの、吉田パンは、と言われるんですけど、なんにも仕掛けてないんですよ。コッペパンに無我夢中で。広告なんてひとつも打ってないし。木村さんが持ってきて下さった折込だけなんですよ」

私が持ってきた折込とは、冒頭でふれた、開店間もなくもらったちらしだ。

「おいしいコッペパンと感じのいいお店の追求、400年続けられるコッペパン屋をやろうというのがうちのテーマでして。いろいろな師匠たちに教えをいただいて今があるんですけれど、僕の師匠、先輩方には、変わらずに変わりゆく不易流行、スタンダードをきちっと守りながら進化させて、長く続けるという志の人が多いもんですから。自分たちに有限的な体がなくなっても、誰かがね、このコッペパンをずうっと続けていけばいい。20年30年続かない企業も店舗も多い中で、400年なんておこがましいのは重々承知なんですけど。自分たちの代だけで終わるんだったら、自分たちだけで勝手にやればいいし。全国で店舗展開したって、どの街でやったっていけるよと、すごくよく言われるんです。でも、400店より400年なんですよ。それだけはシンプルです」

大阪・高槻

ゆうきぱん

since
2015年

製造数
400〜700

うちのコッペパン
ふわふわな感じ、
歯切れがよくて口溶けがいい

めおとパン

盛岡は『福田パン』の福田潔さんが「あそこのご夫婦は、ほんとにこつこつと頑張っていて、堅実なんで。ご近所の人に楽しんでもらえて、食っていけたら、という考えで」と、褒めていた店がある。

高槻センター街のアーケードの下を歩いていき、八百屋の角を曲がった路地に、その『ゆうきぱん』はある。パチンコ屋と鮨屋に挟まれ、向かいはラーメン屋に立ち飲み屋。私が行くのはたいてい平日の午後で、すると、買い物「ついで」に立ち寄るお客さんが目に付くのだった。「わざわざ」来たわけではなさそうな。飾り気のない日常に似合うコッペパンというパンをそのまま体現したような店だ。

例えば、あるひとこまは、やりとりから察するに夫婦と思しき熟年ふたり連れ。妻は夫に、どれにする、と訊いているけれど、夫はそっぽを向いて「任せるわ」と一言。妻は「あんマーガリン」と注文した。腹割りにしたコッペパンを開いてあんこを塗っているところを夫はじいっと見つめ「へえー、えらい大きいな」と感心し、それまでは特段コッペに気がない様子だったのに、妻に「今すぐ食べるんか?」と、俄然うきうきした調子で訊ねる。

2015年4月に、店主の澤和《たくわ》正志さんの地元で開店したゆうきぱんは、福田パンのスタイルを受け継ぐパン屋だ。店名も自身の名前から取っているところも同じく。ただ、澤和、という名字はなかなかすっと読んでもらえないからと、妻の名「有希《ゆうき》」から付けた。

東京は亀有『吉田パン』を通じて知った福田パンのコッペを知るまでは、三十路半ばまで、正志さんも有希さんも、パンに関わる仕事をしたことはなかった。コッペパンの思い出といえば、給食の時間を振り返るくらい。それでも人心を惹き付ける、福田パンのコッペの力おそるべし。

正志さんは電話をかけ、勉強させてほしいと福田さんにお願いした。

「いいよ、ということで、ふたりで勉強しに行きました。運がよかったと思います。一緒に作りましょうかと、一から、ほんとに手取り足取り教えてもらえて。もう全部、レシピも教えていただいて。東北には初めて行きましたけど、社長も含めてですね、優しいですね、人が。ほんとに心の底から優しい、という印象です。全然大阪と違う。大阪は大阪でいいんですけどね」

無事に開業してからも、福田さんは、半年に一度は機会を見つけてここを訪れてくれているそうだ。売り上げに波があることの不安を伝えると「大丈夫ですよ、そんなもんですから」と、からっと励ましてくれて「パンを見て〝いいパンですよ〟と言って下さる」と、正志さん。それは、つくづく心強いことだろうな。

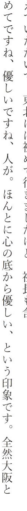

澤和正志さんと有希さん

開店から1年が過ぎ、注文するメニューを定めてここを目指す常連客も少なくない。

ほぼ毎日「ごぼうサラダ＋ポテトサラダ」を2個買っていくおじさんがいる。当初は1個だったそうだ。あるとき「ちょっと宣伝してくるわ」と2個買ってくれて、それからは2個と定まった。ずっと宣伝を続けてくれているのだろうか。

そのおじさんが顔を見せない日が続き、気にかけていたら、あるとき「ごぼうサラダ＋ポテトサラダ」を3個注文した女性に「主人がいつもお世話になっています」と挨拶されたという。おじさんは遠方まで農業の手伝いに出ており、妻はクール宅配便で夫にコッペパンを送るため

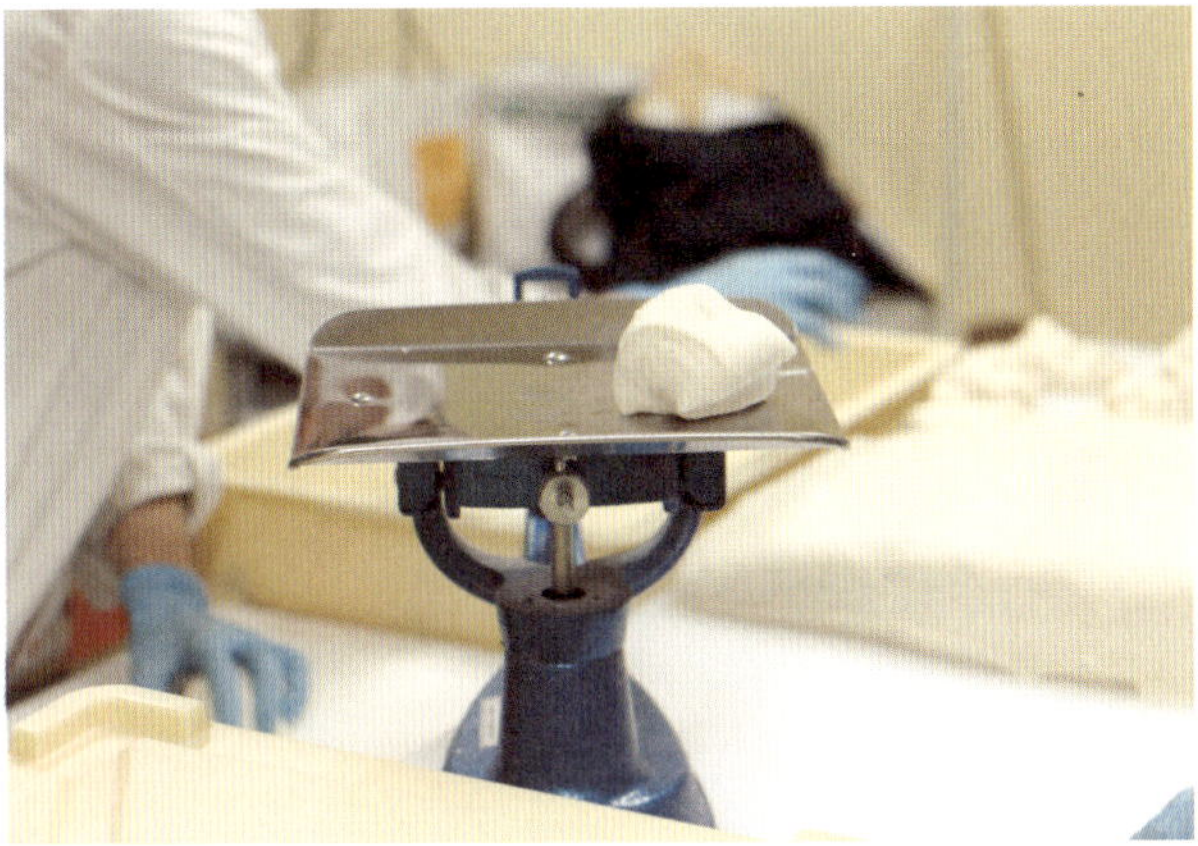

に来店した、というわけだった。

午前中に、厨房を覗かせてもらう。正志さんが、生地をスケッパーで分割、計量する。有希さんは、それを丸めて、番重《ばんじゅう》に並べていく。それから成形し、発酵をとり、窯に入れる。一度に焼き上がるのは、25本。窯から出して、30分冷ます。

いちばん人気があるのは「あんマーガリン」だから「あんこがいちばん大事」、竹べらでコッペにこしあんを塗りながら、有希さんは言った。こしあんは福田パンから分けてもらっているもの。使う量は一日におよそ11kg。「うちなんか、少なくて恥ずかしい」とも謙遜する有希さんだった。そのこしあんを塗る竹べらも同じものを使っている。使いやすいですかと訊ねると「私たち、これしか知らないので」とのこと。

その日は、梅雨時、しとしと雨の火曜日だった。

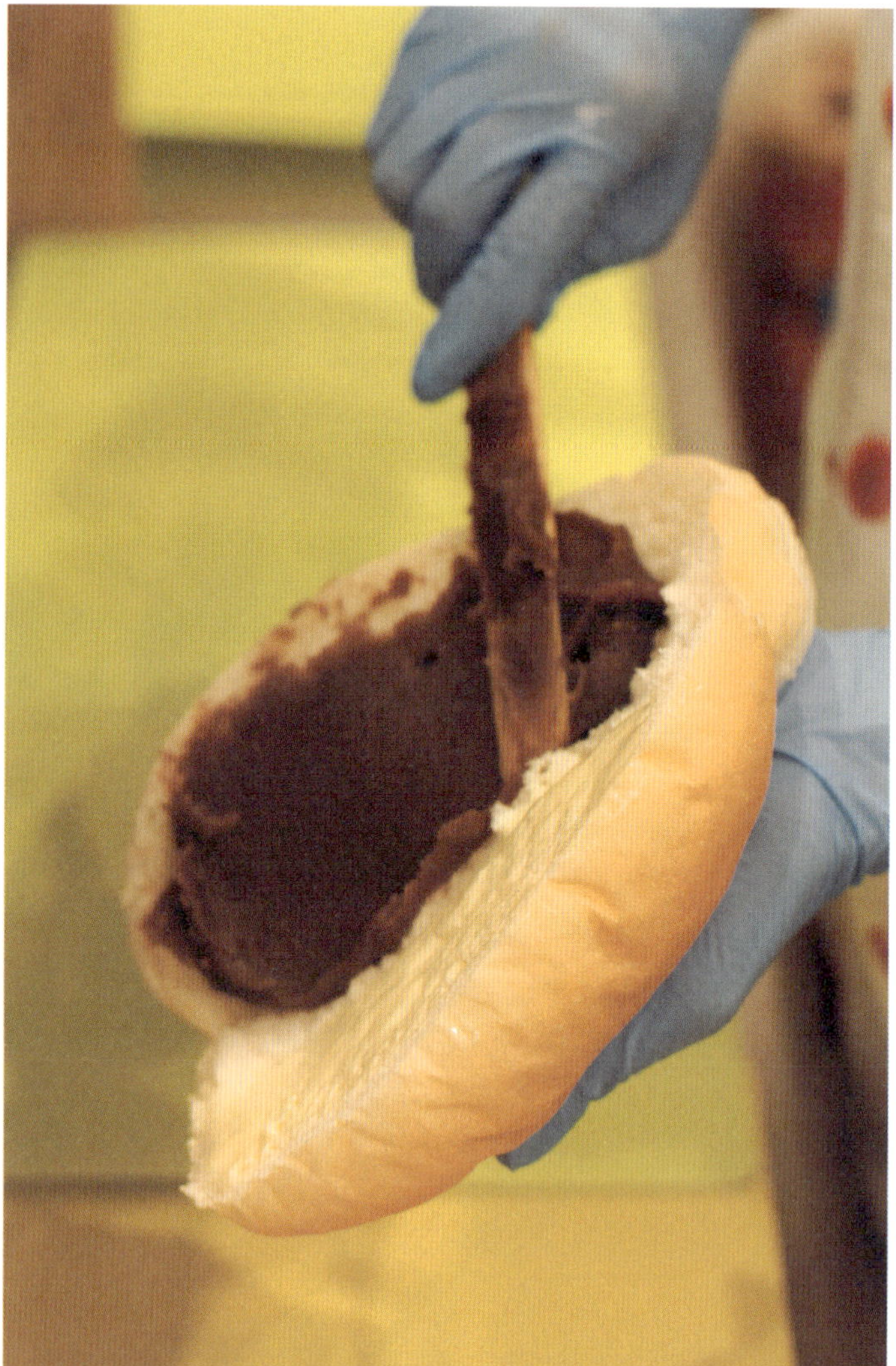

コッペパンは午後3時過ぎに売り切れた。今日はこれで店じまい。

仕込む量は天気予報をチェックして決める。多くて700本。この日は、雨模様だから少なめにと、400本を焼いた。

「でも、もうちょっと焼いておいたらよかったな、と話してたんです。ほんとは1000本くらい作ればいいんでしょうけど、売るのも、作るのもたいへんなので」と有希さんが言う。

入口のシャッターは3分の2ほど下ろされているが、下の隙間から、細身のお兄さんが、かがんで店の中を覗いている。その姿に気付いた正志さんはガラス戸を開けて、すみません、と、完売したことを告げる。それならまた明日、と、爽やかに帰っていったそのお兄さんが手にした五百円玉が光ったのを私は見逃さなかった。小銭を握りしめて来るような、ご近所ぶりが垣間見えた。

「自分も、家の近所にあればこれは買うな、と思います。いいなあ、逆の立場になりたいなあ」

と、正志さん。

そして有希さんもこう応える。「ほんとにね、買いに行きたいって、いつも言ってます」

東京・上野

iacoupé《イアコッペ》

上野の
新しいお土産

since
2014年
『BOULANGERIE ianak!』2006年

製造数
平日300／週末500〜600

うちのコッペパン
しっとり、もっちり

枝豆とハムとコーンのポテサラ（左） 260円
ピスタチオ（中央） 280円
マスカルポーネとアプリコット（右） 320円

上野公園の東の縁、かつて映画館があった場所。そこにコッペパン専門店がオープンすると聞いた。『iacoupé』というその店では、新しい上野の手土産になるようにと、コッペパンがちょうど3本入る箱を作り、そこに季節折々のメッセージを載せたカードを入れよう、そういう計画を立てているそうだ。そのカードのために、上野の風物とコッペパンを絡めた12か月の短文を書いてもらえないかと打診されたのは、２０１４年の春先だった。

浅草に4年、それから北千住に4年暮す身としては、上野は距離的にも心理的にもとても近い街であることだし、もちろん快諾した。

まずは、当時は、コッペパンについてそれほど詳しくないという自覚があったので、その歴史について調べるべく、図書館に籠ってみた。が、これといった資料は見つからなかった。そもそも「コッペ」という言葉はどう生じたのかも、曖昧なのである。

有力と思われるのは、フランス語「coupé《クーペ》」に由来しているという説だ。クーペは「切った」という意味の言葉どおりに縦に切れ目を入れて焼き上げられたパンだ。とはいえ、コッペパンのように柔らかくはない。

4月、イアコッペを取り仕切る、金井直子さんに会いに、西日暮里に出かけた。なぜ上野ではないかというと、イアコッペは、西日暮里のパン屋さん『BOULANGERIE《ブーランジェリー》 ianak!《イアナック》』の2号店だからだ。

イアナックは、道灌山通りから一本細い道に入ってすぐ、様々なパンがずらっと並ぶ小体な店だ。幾度か角食を買うなどしており、見知っていたパン屋さんだ。ちなみに店名は「金井」のアナグラム。

上野の店は5坪とさらに小さく、窯を置く場所が作れなくて、そのため、コッペパンは西日暮里で焼くことにしたという。上野では、コックピットのような厨房で、カツを揚げたりジャムを仕込んだりしながら、届いたコッペにそれらを挟む。

試作のコッペパンを前に、金井さんは「スタイリッシュ過ぎず、でも手は抜かない。奥行きのあるコッペパン」なのだと説明してくれた。「片手で持ってぱくぱくと食べられるサイズ。1本食べたらおなかいっぱいというのもなんだし」とも。その言葉通り、小ぶりなものだ。たしかに、コッペパンはこういう大きさでなければいけない、なんて決めごとはない。イメージしているのは「ホテルのバーのサンドイッチや、昔からあるフルーツパーラー、洋食店」だそうで、もう一歩踏み込んで言えば「フォーシーズンズより帝国ホテル」だとも。

「私たちの世代、コッペパンにすんごい思い入れがあったかというと、そこまでじゃない世代ですよね。給食に出ていたけど、かすかす、ぱさぱさだったし」

ここで「私たちの世代」とは１９７０年代生まれ、ということ。正直言って、金井さんの意見は否定できない。

「だから、昔のコッペパンに近付けよう、とは全く思ってないということですよね。自分たち

がおいしいと思うものを作っていきたい。なるたけ、しっとり、もっちりでいきたい。たしかに、例えばあんバタは、懐かしさを引きずって作っているんだけど、マーガリンはやだね、とか。昔懐かしさを……あの、牛乳と一緒に食べないといけないような、ぱさっと感のコッペパンを作れというほうが今は難しいと思う。どんなパン屋さんに行っても、どこもおいしいですよ。皆さん、研究熱心に、小麦の勉強して、酵母の勉強して。いろいろ工夫して作ってらっしゃるから、どうにでもおいしく作れる。粉だって今はいっぱい種類があってもう全然違うし、挟むものにしても、いろいろな食材が使える時代ですからね」

5月の開店直前に試食させてもらったのは「ビーフカツ」「ポテサラ」「あんバタ」「みか

ん」「いちごカスター」の5種類だった。

ビーフカツは全粒粉のコッペパン、あんバタとポテサラといちごカスターは、イアナックでずっと焼いてきた「ヴィエノア」から派生した「プレーン」なコッペパン、みかんはブリオッシュ生地のコッペパンに挟まれている。そう、挟む具をいろいろ工夫すると共に、コッペパンの生地も3種類用意されていたのだ。

当時の私のメモには「ビーフカツ／全粒粉、野趣がある。ソースの染み込んだ衣の力強さ、牛の肉々しさにじゅうぶんに渡り合えるパン。キャベツの、しゃくしゃくした噛み応えもぴったり合う。おー、とか、へええ、とか、感嘆する味」とか「ブリオッシュは歯切れがよくてあっというまに食べてしまう」とか「あんバタ／こしあんは瑞々しく、きれいな紫色で、ひたすらなめらか。バターのしょっぱさが効いている。パンそのものは、ああイアナック！　という味」などとある。

それにしても、なぜコッペパンだったのだろう。

上野に店を出しませんか、という話は嬉しかったのだけれど、ともかくその場所は小さかった。いろいろなパンを並べるよりも種類を絞り込んだほうがよいのではとの考えに至る。例えばキッシュ屋さんでもいいよね、と思いもしたが、そこで焼くことは難しそう。ただ、西日暮里から運んだパンをそのまま売るのも物足りない。はて、どうしようか。

イアナックの店主であり、金井さんの夫の孝幸さんは、そんな妻の葛藤に一石を投じる。これまでイアナックでは出したことがなかった、コッペパンという存在が、ふと浮かび上がってきたのだった。

「戦略とか作戦とかはなくて、思い付き。僕は、提案しただけです」孝幸さんはそう言った。とはいえ、生地の配合を考え、日々それを仕込んでいるのは彼である。

「シェフはずっとフランスの系統でやってきた」と金井さんは言う。シェフ、とは孝幸さんのことだ。『メゾンカイザー』での修業を経て自身の店を持った孝幸さんは、その系譜にある自家製酵母「ルヴァンリキッド」を使ったパンを得意とする。「ライ麦と小麦粉を発酵させて作る種で、パンに奥行きと風味をもたらすんです」

なので、コッペパンの生地にも、ブリオッシュ以外は、この自家製酵母とイーストの両方を

使う。

「イアナックで出しているヴィエノアというパンは、生地を冷蔵庫で一日置いて、長時間発酵させます。それをホイロに入れずに、そのまま、冷たいまま焼くんです。そうすると、ふわふわとはならないんですね。周りは堅い感じで、中はしっとりとはしてますけど、柔らか、というよりも、もっと目の詰まった感じで。コッペパンの場合は、牛乳を入れて、同じように冷蔵で一日置くんですけど、焼く2、3時間前にホイロに入れるんですよ。ホイロというのは発酵機ですね。パンが上手く発酵するように、暖かいところに入れる。そうするとパンが、焼く前からふわーっと膨らんできて。それから焼くんです。すると食感がまた変わって、しっとり、ふわっとする。今までとは違うパン生地のおいしさが出るのが狙いですね」

金井さん曰く「ほぼほぼヴィエノア」だという、イアコッペの柱となる、ほんのりきつね色のプレーン生地は、そんな風に作られる。

「イアナックでは、ドッグパンのハムカツサンドとかがあるんですけど、それは食パンの生地でやってますね、そういえば。コッペパンは、それとは違う感じでいきたい」

天板に生地を並べるときにはわざと焼き上がりに端と端がくっつくくらいに、横に3個置く。長さを揃えるための工夫だ。端っこ同士は、冷めるとすっとはがれる。

開店から半年が過ぎた頃、生地はもう1種類、前述のプレーンにカカオを加えた「ブラック

揚げパン
180YEN+税
・さとう ・シナモン
・きなこ ・ココア
焼きソバ
200YEN
+税
谷中 大沢製麺の
もっちり蒸し麺
ナポリタン
200YEN
+税
玉ねぎ・ベーコン・ピーマン

カカオコッペ」通称「黒コッペ」が加わった。割るとほんのりカカオの香りがする。基本的にはコッペは腹割りにして具を挟むイアコッペだが、これだけは、見た目のインパクトを強めるために背割りにしている。

具の種類もいろいろと増えた。それでもやっぱり揺るがない人気を誇るのは、開店当初からの定番であるポテサラとあんバタだ。

ポテサラは季節に合わせて具を変えていく。「コンビーフとキャベツ」「厚切りベーコンとチーズ」「枝豆とコーン」「豚の生姜焼きとししとう」などなど。

あんバタのあんこは大阪は四天王寺の『茜丸』から仕入れる。イアナックのあんパンでもこのあんこを使っている。水飴が入っていないのがいいという。ホイップバターを合わせている理由は「バターだけ置くと重たいから」とのこと。

「うちはスタッフがみんな女子なんです。だから、軽めがいいよとか、そういう感じでホイップバターになったんです。そこに、練乳と、お塩を入れてちょっと締める感じで」

金井さんはこうも続けた。「うちのスタッフは、みんなコッペを、可愛い、と思って作ってくれてるからね。愛を持って」

コッペ道中では、とりあえずあんバター、もしくはマーガリンがあれば、迷いなく注文する。そして、もしナポリタンがあればそれも選びがちな私だ。麺×パン、炭水化物×炭水化物。お好み焼きにごはんみたいな、そばめしみたいなおいしさ。コッペパンにこういった麺類が合う

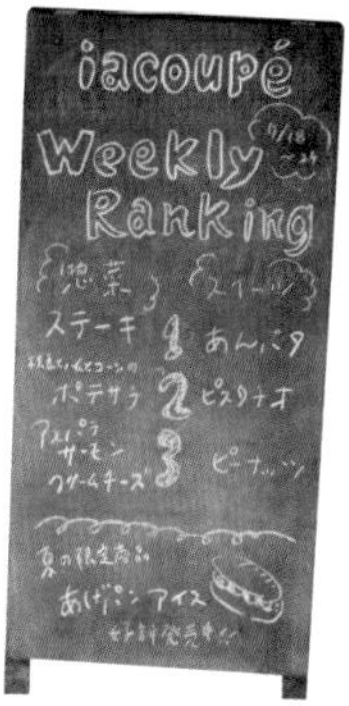

のはなぜなのか。

「たしかにフランスパンに麺は合わないですね」

麺を、コッペパンの口触りに近付けるとしっくりくるのだろうか。

「そうだと思いますよ。一体感を持たせたほうがいい、硬めだと〝はむっ〟と一口食べたときに、馴染まないんです。給食のときのナポリタンとか、昔食べてた麺は太かったようなイメージがあるので、太麺を探しました。2.2㎜。柔めに茹でています。これぱっかりはアルデンテは合わないね、って。例えば、コッペパンに生ハム挟んで合うかといったら、合わないんですよね。食感とかね、味が。気持ちほんのり甘いし、柔らかいパンだから。イアナックで作っている他のパンみたいに、生ハムとチーズを挟んでおけばいいというわけにもいかなくて、試行錯誤しましたね。コッペパンにはコッペパンに合う具材、コッペパンにはコッペパンの工夫があるんだなと思いました」

あらためて金井さんに開店当初のことを振り返ってもらっている中「暗中模索」という意外な言葉が出てきた。カードのアイデアといい、黒色で引き締めた店の印象といい、迷いなく独自のコッペ道を邁進していると私は思っていたから。

「最初は、苦戦、苦戦、苦戦。小ちゃいとか、こんなに洒落てなくていいとか言われて、そっか、コッペパンってこういうイメージじゃないのかなあ、はあー……とスタッフと落ち込んだときもありましたよ。今は、そう

揚げ立ての、揚げパン

いうことなくなった、というか、気にしなくなったんでしょうね、私も。まあ、自分たちがおいしいと思うものを作っていったらいいんじゃないの、と吹っ切れて、そこからですよ。黒コッペを出しはじめたり具を増やしたり。パン生地が増えるとそれだけ種類が増えてくし。作ってくれる人がいるんだから、いろいろ頼んでみようよって。そうするとお客さんの反応も変わってきて。わあー、って言ってくれるようになったんですよ。こんなにいろいろなのあるね、とか。けっこうサラリーマンのお客さんもいらっしゃる。おじさんが部下を連れてきて、ここだよここ、おいしいよ、と言ってくれて。『サブウェイ』よりもずっと旨いよ、って。私はうれしかったです。よし、と思いました」

この店のための仕事をいっときしていた頃、そんな不安を汲み取れなかった自分の不甲斐なさにうつむく。その揺れを感じさせずに明るく店を開けていた金井さんは偉いなあ。

そうそう、カードを添えるアイデアは、老舗の和菓子屋で菓子箱にひらりと入っている栞から思い付いたそうだ。

「木村さんのことは、食べもの関係を書かれてるって、スタッフが存じ上げてたんですよ。ちょうど『銀座ウエスト』の本も書かれていて。ウエストみたいな老舗のことを書いてるなんて絶対いい、老舗は素晴らしいって。で、木村さん、あのカード、好評でしたよ。あれが欲しいと、そのために来る方もいます」

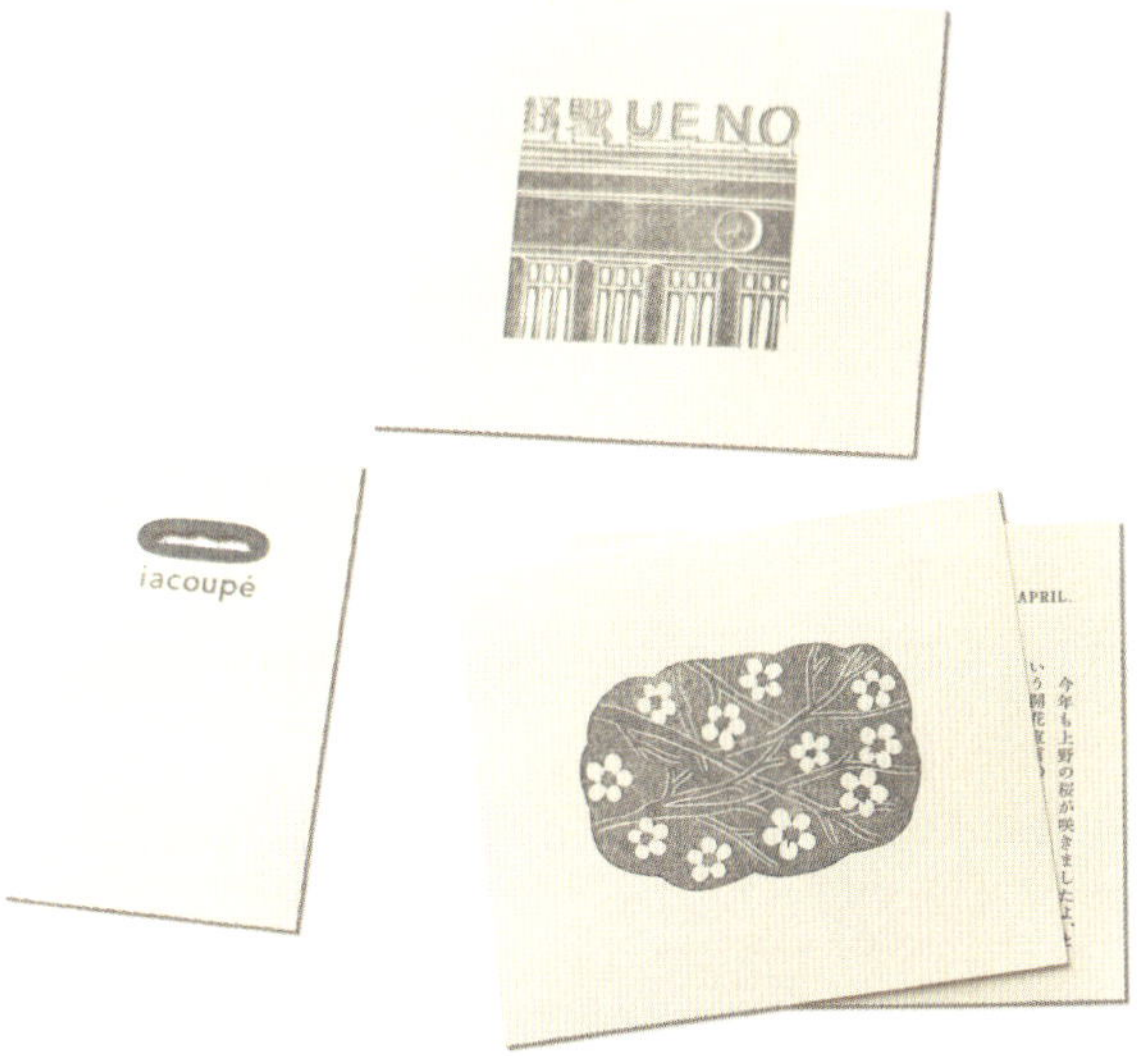

兵庫・神戸

coppee+《コッペプリュス》

(株)ヒシヤ食品

きらっと光るコッペ

since
コッペプリュス　2015年
ヒシヤ食品　1958（昭和33）年

製造数
コッペプリュス　平日300／週末400
ヒシヤ食品　最多12,000

うちのコッペパン
さくっとして、口溶けがとってもいい。
お茶を飲まなくても
食べられるコッペパン

神戸にコッペパン専門店ができたらしいよ。

そう教えてくれたのは、大阪で働く友人だった。

垂水《たるみ》でコッペパンを60年近く焼き続けてきた、小学校の給食用のパンを主に手がける『ヒシヤ食品』が須磨に出した店だという。そこまで聞いたものの、私は、大きな勘違いをしていた。給食そのままのコッペパンを食べることができる店だと思い込んでいたのだった。

パンの業界紙『パンニュース』のコッペパン特集号で『coppee+』を取材した記事を読むまでは、学校給食に出るパンにはかなりの制約があることを知らずにいた。学校給食用のパンは、作り手の自由が実に少ない。そして、焼き上がったそのパンを勝手に売ることはできないのだった。ああ、不勉強。


「兵庫県は兵庫県、各都道府県別に材料と配合が決まっているんです。でも同じ垂水区でも、パン屋さんによって味が違う。作り手と、発酵の状態とか、焼き具合とかで変わる。きっとシンプルなパンだからですね」

コッペプリュスの店主、小川恵美子さんはそう言った。小川さんの従兄弟である草野洋一さんが、ヒシヤ食品の社長を務めているという。

「うちはおじいちゃんの代からコッペパンを引き継いできて、それを守らなければならないという気持ちが従兄弟と私にはあって、これでやってみようって。うちらしく、私らしくというのかな、それも合わせて」

かつては、工場の軒先に小さな売り場を設けて、食パンを売っていたそうだ。およそ30年前に、工場の隣に『Famille《ファミール》』というパン屋を開いた。そこでは、日々の柱となるパンとはまた別のものを出したいと、コッペパンは作らずにいたのだが、そこで積み重ねてきたことがコッペプリュスにはじゅうぶんに活きている。

コッペプリュスのコッペパンの長さは18cm。給食でいうと、小学校中学年、3、4年生サイズだ。その大きさがバランスがとれていてきれい、と小川さんは言った。

もちろん、前述のとおり、使われる材料とその配合は、給食用とは全く別物だ。窯はヒシヤのものを使うので、給食用のパンの前、朝6時には焼き上げて、一旦掃除をするという。

「挟む具材をつぶさない、でもパンだけ食べても、ああ、おいし、ほっとする、というパンに仕上げました」

第一印象はふわっと、柔らかなコッペパン。

どこへ行ってもまずはあんバター、もしくはマーガリン、という姿勢の私は、ここではまず「粒あん&バター」を選んだ。渡されて、その重さに驚く。とっても、ずっしりしている。

「そのずっしりを楽しんでもらいたいなあって。わあ、すっごい重い、なんだろう、というわくわくを」

つぶあんはきれいな淡い色で、甘さが勝ちすぎずに瑞々しい。あんこに重ねてバタースライスが4片並ぶ。

やっぱり、あんこにバターとか、さらにホイップとか、あんこを軸にしたメニューは人気があるという。「あんこ、大事にしてます」。ファミールでもあんパンのためのあんこを仕入れている、地元の『池田製餡所』に注文をしている。

「コッペパンに合うような柔らかさも考えて工夫して下さってるのですごく有難い、研究熱心なあんこ屋さんです。栗餡、桜餡、柚餡と、季節の餡を出していただくんですけども、どれもほんとに、あんこだけ食べても、ああ、幸せ、という味」

「自家製牛スジカレー＋ポテトサラダ」は、カレーといえば白米でしょ、という私の先入観を崩す総菜コッペだった。冷めても旨いと思えるカレーも、きゅうりやにんじんがちりばめられたポテサラも、どちらも自家製。

「おばちゃんたちが朝からずっと、圧力鍋をピーピー言わしながら炊いてくれている国産の牛

粒あん&バター　260円
自家製牛スジカレー+ポテトサラダ　300円
こだわりの焼豚サンド　420円

スジのカレーです。〝牛スジカレーフライ〟というカレーパンがファミールで人気があって、それを使っています。牛スジカレーにポテトサラダ？　と、みなさん言われますけど、このコラボがおいしいんです。ポテトサラダは、ファミールではサンドイッチに使ってますね」

そもそも須磨でお店を開いたのは、中央幹線沿いで営まれるコーヒー店『まめや』の店主が小川さんの友人で、うちの隣が空いたよ、そう声をかけてもらってのことだった。ご近所付き合いからできたメニューが「こだわりの焼豚サンド」。同じ通り沿いのスーパーマーケット『ジョイエール』にある『ともや精肉店』の、八角を利かせた焼豚が主役だ。細く刻んだ焼豚、千切りキャベツ、マヨネーズ、甘じょっぱい醤油だれ。焼豚とコッペパンの柔らかさが響き合う。ここではじめて知ったのは、神戸では焼豚がほんとに愛されていること。焼豚といえばラーメンの具、という東女の私のイメージは極めて矮小なもので、この街では焼豚はお正月には欠かせない存在で、卓上の華なのだ。各店がオリジナルの焼豚を競い合っているのだということも小川さんに教えてもらう。

開店して1年が過ぎ「いろいろなものを組み合わせる方がでてきはって、ピーナツクリームに白玉入れられる方もいるし、アレンジをお客さんが楽しんで下さってる」と小川さんは言う。

コッペプリュスでは、注文を受けてから、右後ろの棚のガラス戸を開け、そこにきれいに並

べてあるコッペをひとつひとつ取り出し、具を挟む。

「単に売るというよりも、作る。このライブ感が楽しいんだと思います」

具は、手秤で塗り、挟んでいる。ただ、なるべくきっちり揃えたいと、月に一度の計測日を設けている。そのテストに合格したスタッフを、小川さんは「コッペニスト」と呼ぶ。

店名も、小川さんが造り出した言葉だ。「コッペ」の語源を調べてみて、フランス語の「coupe」に由来するらしいというところに辿り着いたけれど、店名にその綴りをそのまま持ってきはせずに、隣にあるコーヒー屋さんとの交友から着想を得て「coffee の ff を pp に換えたらコッペだと思って〝coppee〟にしました」

さらに「コッペに食材と真心を載せる」というテーマを「＋《プラス》」で託して、それを星に見立ててロゴをデザインした。

「きらっとコッペが光るように願いを込めて星にしようと。これをやりたい、と決めたスタートラインで、いろんなアイデアが膨らみました。今は、コッペをすごく可愛らしい存在に思います。この子には、どんな食材でも合わせられる。こんなんもできるね、あんなんもできるねって、売り手が楽しいんだと思います。私もそうですけど、他のお店屋さんもきっとそう。ただできあがったものを売っているだけじゃない。作ってるのが楽しいんですよ。業者さんも、こんなん合わしたらどうですか、と、楽しんでくれる。お客さんも合わせる楽しみがいっぱいあるし。みんなが楽しくなれる」

coppee

小川さんの車に乗せてもらい、垂水のヒシヤ食品へ向かう。海沿いの道路を走る。いつもはすぐそこに淡路島が見えるはずだけれど、梅雨時ゆえに海上全体が白くけぶっていて島の輪郭がはっきりとは分からない。そのことを小川さんは残念がる。

１９５８（昭和33）年、に小川さんの祖父が創業した当時の屋号は『ヒシヤパン』といった。おじいさんは、戦前は大阪でシャツ工場を営んでおり、戦後に地元の垂水に戻り、パン屋を開いた。パン作りを教えてもらったのが、下山手にあった『ヒシヤベーカリー』だったことが屋号の由来だそうだ。

ここでは、神戸市内の21校の小学校、１５０００人の子供たちのために給食のパンを焼いている。全て、コッペパンだ。

工場に着いたのは、コッペはみな学校へ届けられ、番重が戻ってきている頃だった。ちなみに番重とはパンをつぶさずに運ぶためのケースのことである。そこで待っていてくれた社長の草野さんに、今時の給食事情をいろいろと聞かせてもらう。

「小麦粉、砂糖、塩、イースト、ショートニング。材料を支給してもらって、作る手間で加工賃をいただく。それが給食のパンを作る仕事です。店売りのパンみたいに、自分のところで材料を仕入れてお金をいただくのじゃないんです。我々が勝手に材料や配合を変えることはもちろんできません」

兵庫県内の小学校では、給食の時間にパンが登場するのは、週に2回と決められている。

「全国的にみると、週に1回のところもあります。だんだん、パン給食からごはん給食へ移行しているのが給食の現状です。国の政策で、自給率を上げるということで。基本的に、お米は国産で、パンの小麦粉は、外国の小麦を使っている。日本人の米の消費がだんだん減ってきているから、給食である程度まとまった量を食べればそこで自給率が上がるし、ということなんですけど、ただ、そうなってくると、なかなか我々パン屋はしんどいなと」

草野さんは、わりあい淡々とした口調でそう言った。いかにも苦しそうな様子で語られるよりも、かえって、その「パン屋のしんどさ」がこちらの胸にこたえる。

「はじめてごはんが給食に導入されたんが、1976（昭和51）年です。それまで週5回パンだったんで、パン屋さんどうする、と。最初はごはんは週に1回でした。ただ、1回でも、なくなるとその日なにもすることないんで、パン屋さんはみんな米飯の工場を作りました。週に1回が週に2回になって、今は週3回ごはんです。ごはんは工程が少ないですね。洗米して、水に漬けて、計量して炊飯。パンは、仕込んで、一回練れた150kgぐらいの生地を分割していくと、そうしているうちにもだんだん発酵が進んでくるんですよ。同じ生地で、同じように分割しても、最初のほうとはまた違ってくる。そこでどういう風に調整するかが、働いている人の経験かなあと思うんです」

自分の子供時代を振り返ってみると、1980年代の栃木県での学校給食は、ごはんは週2

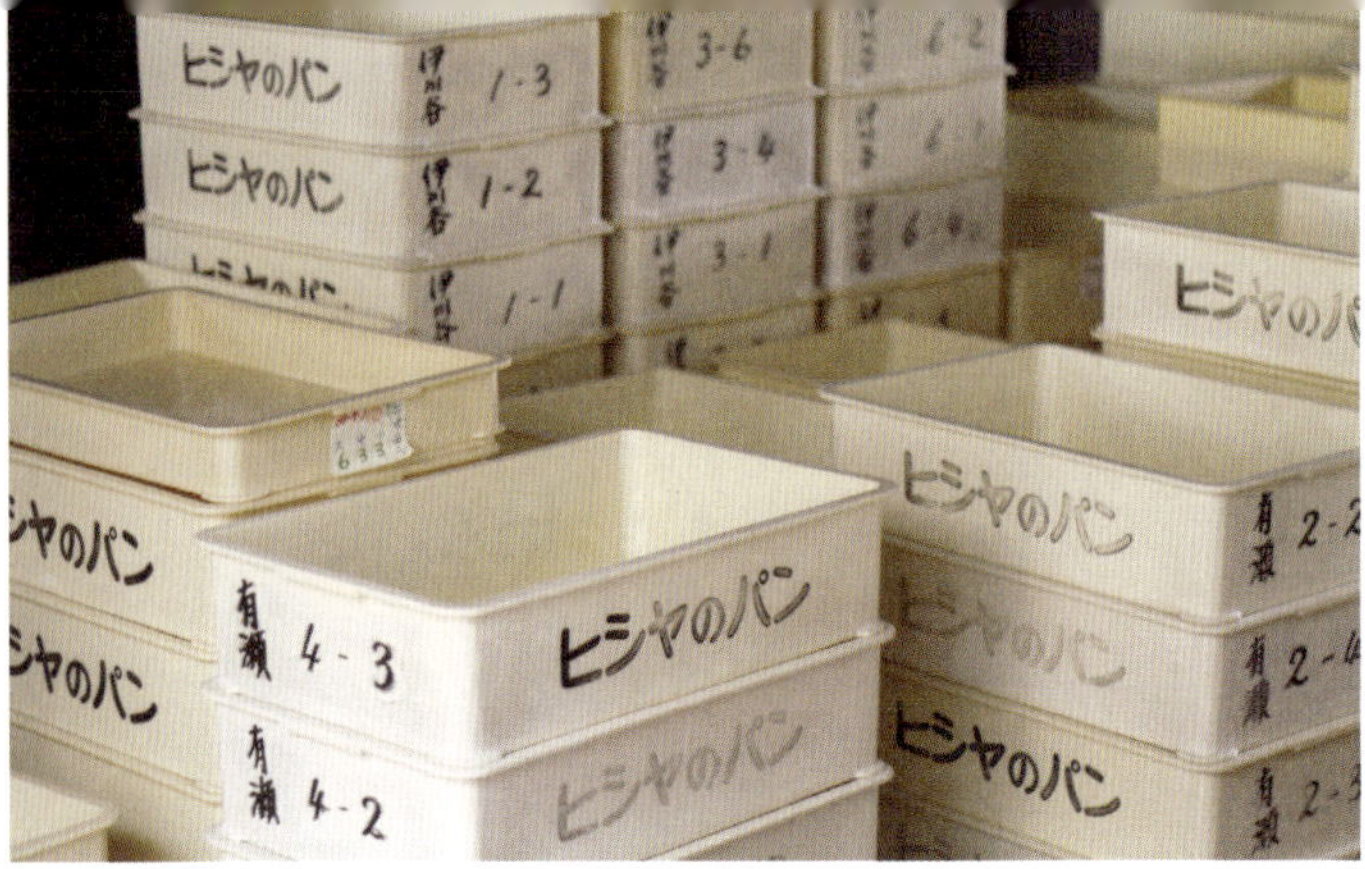

で、パンは、コッペパンはもちろん、ぶどうパン、ドライパイナップル入りパン、揚げパン、食パンも出ていた。

草野さんにそう話すと、そういう風に果物を入れたパンや黒糖パンなどは「特別パン」と呼ばれていて、4、5年前までは毎月一回は作っていたそうだ。

「給食費を上げられない、予算的なところももちろんあります。パン、牛乳、おかず、プラス、デザートとか副食が付いてくるので、なかなかパンにまわす予算がない、と。なんらかのアレルギーを持っている子供さんがだんだん増えてきていることもあります。そのふたつから、なくなりました。黒糖パンだけは、砂糖なんで、なんのアレルギーもないんで、だけどそれも年一回あるかどうかです」

週2回、パンが出るのはこの曜日、という風に決まっているのだろうか。

「いや、例えば神戸市でしたら、地区毎に分かれてまして、今日はこの地区はパンとか、あの地区はごはんとか、曜日では決まってないんです」

パン、ごはんの他に、麺の日もある。

「麺の日は、神戸市の場合は〝減量パン〟という小ちゃいパンは作らしてもらっているんです」

その計らいはこの街ならではかもしれない。

小川さんも「神戸はパンの街だから、パンに力を入れてくれている、守ろうという意識が強い」と言っていた。

そう、神戸市はたしかにパンの街なのだ。

「パンの都市別消費ランキング」をみると、食パン部門では1位だ。総合ランキングでは金額と数量とも2位につけている。ちなみに1位は京都市、3位は岡山市*。

「兵庫県の給食パンは、基本は当日焼きなんです。それを午前中、11時半までに納入しなきゃいけない。当日焼きを実施しているのは全国でも4県ぐらいです。関西では兵庫県だけやと思います」

草野さんはそう言った。だから、よそのパン屋さん以上に、午前中に仕事が集中する。

「うちは、給食のパンだけしておこう、店のパンだけしておこう、とはきっちり分けていないのでね」

ファミール、そしてコッペプリュスという、小体なパン屋さんの商いも大事にしているわけは、お金儲けとはまた別のところにあるようだ。

「基本はやっぱり給食なんですよ。例えば、10万円の加工賃は、店の売り上げの10万円とは全

然違います。ただ、一方、単純作業なんですよね。配合も一緒、形も一緒、決まったことをみんなしていく。給食のパンも、子供らが先にいるけど、お店で販売するみたいにはお客さんの顔が見えてこない。工場で給食して、手が空いたらこっちの店のパンを作る、そうもしてもらわないと、働いてても面白くないんちゃうか。手で分割して、成形して、いろいろなパンを作ることになると、一日の中にバリエーションが出る。働いている人も、まあまあたいへんやけど、面白いんちがうかなと」

コッペプリュスのコッペパンは、小麦粉などの材料が給食のパンとは違うのはもちろん、砂糖の量も多く、さらに牛乳と卵も加わる。卵を入れると、生地に色が付いて、より柔らかくなるという。コッペパンの生地に卵は必要と考えるパン屋さんもあれば、そうでないところもある。

また、食パンと同じ生地でコッペを作る店もあるが草野さんはやらない、そのわけは。

「そうすると、けっこう引きが強くなるんです。食パンをトーストしないで食べたときの感じ。コッペプリュスのパンは大きいし、中の具もけっこう入ってますし、具が食べやすいように、パンは〝さくく〟したほうが全体的に食べやすいかな。さくい、というのは、歯切れがいいとかそういう感じです」

「さくい」。ずいぶん前に、大阪で焼き菓子、滋賀で貝ボタンについての話を聞いたとき、やっぱりこの関西らしい言葉が出てきた。さくい焼き菓子は、口に入れたときにほろっと崩れて食べやすく、さくい貝は、割れやすくてボタンには向かない。こう書き添えれば、そのイメージが伝わるだろうか。

＊　家計調査の都道府県庁所在地及び政令指定都市別ランキング　２０１３～15年　ウェブサイト「パンのはなし」より

2章

パン屋さんのコッペパン

ときわ堂食彩館

Le petit mec OMAKE

藤乃木製パン店

オギロパン

東京・足立

ときわ堂食彩館

日本を代表するパン

since
1954（昭和29）年
製造数
平日300／週末500
うちのコッペパン
ふっくら、しっとり

コッペパンについて記録された資料は少ない。誰もが知っていながら、あまり顧みられることのないパン。そんな中、うちの本棚から引っ張り出された雑誌に10ページの小特集が組まれているのを見つけた。貴重だ。

首都圏の街案内が柱となる月刊誌『散歩の達人』2001年6月号では「都会の陽だまり［コッペパン］あまりにも日本的な元祖おかずパン」と題して、東京の12軒のパン屋さんが紹介されている。全体に、懐かしさを主軸にして構成されたページだ。15年後の今、もうないお店も、古色蒼然としすぎて近寄り難い店もある。

その中の一軒『ときわ堂食彩館』は、私の住む北千住から出るバスに乗って15分ほどのところに位置する。寂れかけた商店街にあってそこだけいきいきとしてみえる。東京で、コッペパンを長く作り続けているパン屋さんはもちろんここだけではないけれど、きれいに磨かれた店構えからして、懐かしいだけではないコッペパンの姿が想像される。

のぞいてみると、レジの右横に、コッペパンの窓口、ともいえる場所がある。棚の上にコッペが並び、その下にはあんこやジャムの入ったステンレス製の容器が置かれている。『散歩の達人』の記事には「30年ほど前、セルフサービス式店舗が主流になった頃にはコッペパンをやめる店が多かった」とある。

ときわ堂もセルフサービスには切り替えたけれど「コッペコーナー」を設けた、と。2001年からの30年前だから、1970年前後のことだ。

当時の話を聞かせてくれた、ときわ堂の二代目である塚本雅之さんは開口一番「自分、1955（昭和30）年生まれの60歳なんです」。ちなみに、ときわ堂の創業はその前年、1954（昭和29）年である。

「自分が20歳になる前ぐらいから、日本も合理化とか効率を追っかける時代に入って、高度成長とともに人件費が上がってきたんです。昔の日本のベーカリーは対面販売が主流でした。今のケーキ屋さんみたいに、ケースを置いて、その中にあんパンだとかクリームパンだとかを入れて、パンですから常温ですけど、内側には販売員がいて。セルフサービスのいちばんの目的は、合理化、人件費削減なんですよ。お客様が自ら、欲しいパンをトング、トレイでとって、レジまで持って来るわけですから。それが日本のベーカリー業界の中に普及して、ほとんどがセルフサービスの形態に変わっていったんです」

はじめてパンをセルフサービス方式で売りはじめたのは広島の『アンデルセン』だそうだ。1967（昭和42）年からのこと。徐々に高まるセルフサービスの波に洗われ、コッペパンはあえなく流され失われていった。

「他のパン屋さんがコッペをやめていったおかげで、うちのコッペは売れるようになっていった」と、塚本さんは言う。

「売れるものを続けようということで、続けてきたんです。以前はいろいろなテレビ番組にも

取り上げられました。その頃はコッペパンは一日800ぐらい売れてましたね。今は平日で300、週末500ぐらいですかね」

出演した番組は「徳光さんが夜に出ていた頃」とのことだから、1990年から95年まで続いた「徳光のTVコロンブス」だろうと思われる。

「その頃に、取材に来た人が、ふと、コッペ専門店を作ったら売れると思いませんか、と、質問を投げかけてきたんですよ。専門店だったら、効率も非常にいいし、パンは一種類でシンプルだし、あとはトッピングだけ用意すればいいわけです。自分もほんとそう思いますよ、と、その方に話しました」

今になって、その人がコッペパン専門店を仕掛けているんじゃないか、と、塚本さんは笑う。私もつられて笑ったけれど、あながち冗談でもなくて、どこかでその人はコッペパンを焼いているんじゃないか、とも思えた。

「うちは昔の学校給食のコッペパンのスタイルを継承してやってるんで、脱脂粉乳が、予想される以上に入っています。ときわさんのコッペパンは甘さ感じるよね、と、よく言われるんですけど、砂糖の甘さじゃなくて、脱脂粉乳のミルキーな甘さなんです。父のレシピの中から、自分が、25年ぐらい前に一回手直ししたぐらいで、そっからずうっと変わってないですね、コッペに関しては。もし、パンのワールドカップがあるとしたら、日本を代表するのは、あんパンと、クリームパンと、チョココロネと、カレーパンと、コッペパン。日本のパンのカテゴリーの中の、必須アイテム、定番商品。自分はほんとにコッペは日本を代表するパンのひとつだと思っています」

塚本さんの子供時代は「夏休みは、小学校の5、6年生にもなると、カレーパンかなんか、簡単な揚げもんやって、午前中手伝ってから遊びに行けって時代」だったという。大学を卒業し、洋菓子店での修業を経てから、ときわ堂に入る。

「父が和菓子とパンでスタートして、で、自分が習ってきた洋菓子を店に入れました。パンと和洋菓子という複合店が一時流行ったんです。ひとつの器の中に和菓子と洋菓子があると、どっちか売れたらどっちか売れなくなるんですよね。自分も含めて、若い子が日本茶じゃなくてコーヒーを飲む世代になって、当時の自販機も、コーヒーが主流の時代でした。結果的に和菓子が売れなくなっちゃって、パンと洋菓子二本立てになったんですよ。十数年、一生懸命やりつつも、小学校3、4年生くらいの女の子が、お店で〝ここはパン屋さんなのになんでケーキ売ってるんだろう〟と言っているのを聞いて、自分、大ショックだったんですよ。やっぱりパン屋のケーキは、ケーキ屋さんには勝てない。いくらパン屋が洋菓子屋さん以上の洋菓子を作っても、昔からいう三越、高島屋の包装紙の力じゃないですけど、ギフトには、パンとケーキの店より、洋菓子専門店の包装紙のほうが力がある。買う側はそう思うのかなと。ですけど、洋菓子を習ったことによって、洋菓子の材料をいろいろおぼえたのは、ためになりましたね。先輩に教わったのが、女性の化粧品だって、安いものをべたべた塗るんじゃなくて、高いやつを薄く塗ったほうがいいんだよって。いいジャムは薄く塗ったっておいしい。不味いジャムは、いっぱい塗ったって不味いんだよ。いいものはやっぱりいいんですよね」

　和菓子を出していた時代の置き土産は、コッペパン用の自家製あんである。コッペパンの具としていちばん人気はやっぱりそれを活かした「あんマーガリン」だ。

「あんパンなんかの、いわゆる包むあんこは、ある程度固さがないと包めないんです。それに

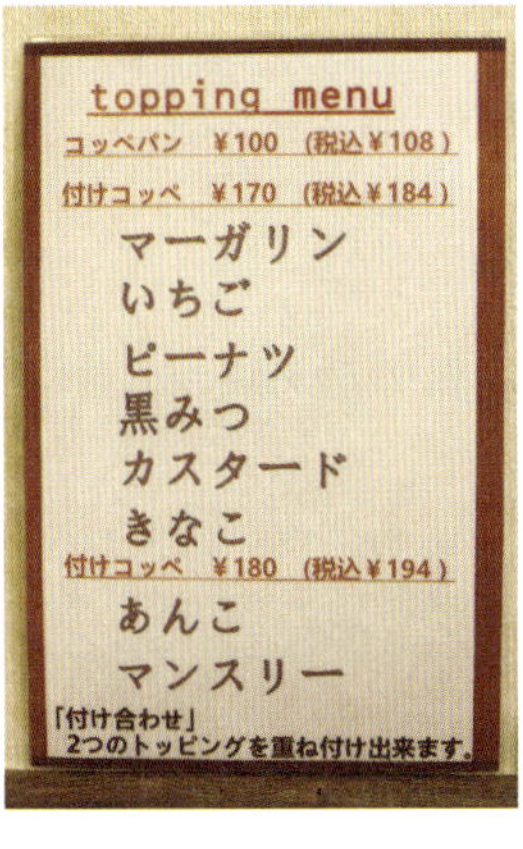

対して、コッペ用の塗るあんこは、包むくらいの固さだと逆にころころしちゃって塗れないんです。簡単な話、水分を多くしないと塗れないんですよね。トッピングに関しては、父の代の頃は少なかったです。あんことジャムと、黒蜜、クリームと、4種類ぐらいしかなかったです」

黒蜜を塗ってくれるパン屋さんは今では珍しい。作り置きしておくとパンに染み込んでいってしまうから、塗り立てに価値がある。

コッペコーナーでは、コッペに水平にすっとパン切りナイフを入れて開き、それらを塗りはじめる。そういえば、なぜ切り込みを水平に入れ、横開きに、腹割りにするスタイルを選んでいるのだろう？

「中の具によると思うんですよね。ペーストを塗るんだったら横のほうがいいと思います。切り口を合わせないと、空気が入ってペーストは乾燥しちゃうんです。それに対して、背割り、縦割りにする場合は、割れた部分の面積はそんなにないから。例えばやきそばパンなんかは背割りで入れたほうがいい。ボリューム感を出せる。例えば50ｇのやきそばを入れていっぱいに見えても、横から切ったら、80ｇ入れないとそう見えない。そんな、見た目と、コスト的な面も当然ありますよね」

塚本さんは、率直にそう教えてくれた。

京都

Le《ル》 petit《プチ》 mec《メック》 OMAKE《オマケ》

「ちゃんと普通においしいもん」とは

since
2015年

製造数
平日100／週末140

うちのコッペパン
ちゃんとおいしい、けど、
懐かしいコッペパン

第一印象は「長い」。

『Le petit mec OMAKE』のコッペパンの長さは25㎝はある。幅は5㎝ほどと、細長い。3、4本買ったとき、袋には縦に入れてくれた。コッペパンといえば、例えば『つるやパン』の看板や『吉田パン』のトレードマークみたいに、それに『ヤマザキ』のコッペパンだって、横長に置かれている場合が多いから、縦にして見ることそのものが珍しく感じられた。きっとバゲットを意識しての形状に違いないと、勝手に解釈したのは、プチメックのあるじ、西山逸成さんがパン屋をはじめたそのわけが「フランスがしたかった」というものだったから。

プチメックは、京都は今出川にて、1998年にオープンした。西山さんが考える、フランスの古きよき時代のカフェ像を、そのままぽんと具現化した場所。当時、西山さんは「分かりやすいフランスというか、映画村みたいなものです」と言っていた。今では、御池、大丸京都店にも店を出し、そして東京にも、パン屋さんとカフェがある。2015年には京都の街なかに工房を構え、そこに売店を設けた。それがここオマケで、看板となっているのが、コッペパンだ。

私が京都に住んでいた折、これがフランスのパンなのだな、と噛みしめるのがプチメックのパンだったもので、久々に会う西山さんが純日本のパン、コッペパンをこしらえているのは意外ではあった。

「渋谷のお店をやったのがひとつ、吹っ切れるきっかけでした。僕、フランスフランス言《ゆ》うて、アンチアメリカだったんですけど、渋谷のお店作る前に『Landscape《ランドスケープ》 Products《プロダクツ》 Co.,Ltd』の中原慎一郎さんに誘われて、一緒にLAに一週間くらい行って、お店を見てまわって。あれ、アメリカ悪くないな、って思ったんですよね」

いったん言葉を切り、西山さんはくすくす笑う。西山さん本人が、自身のものの見方が変わったことを可笑しく思っている風だった。

「時代背景的にも、豪華よりもシンプルかな、と。ちゃんと普通においしいもんで、僕が思うパンの価格を守って、というところは変わらないんですけど。こうじゃなければ、というのは、ない」

それからは、メイド・イン・フランスという枠から離れ、ドーナツや、ベーグルなども作りはじめた。そして、コッペパンまで辿り着いた。

されど、しつこく、この長さはバゲットのイメージなのですか、と訊ねると「そこまで考えてませんでした」と、あっさり返される。

さらに問う。どうして、具を挟むための切れ目を、背に垂直に入れるのでしょうか？

「コッペパンは、写真撮るときには上から撮るもんやと思ってるんで。そっか、横から開く人いるんですね。それはどうしてですか？」

切れ目を水平に入れたほうが、挟んだ具が乾かないとか、断面の面積が広くなって具を挟みやすいとか、そのあたりが腹割りの利点ではある。

けれども、西山さんは、コッペパンに向ける視点から、背割りを選んでいるのだった。

割ってある上面はつやつやしている。

「単純にブリオッシュや菓子パンと同じ感覚で、艶があったほうがきれいだし、おいしそうだから、という程度にしか考えてません」

たしかに、そのあいだから具がのぞく姿はほんとにきれい。

「艶がないほうが〝リアル・レトロ感〟は増すような気はしますね」

こうやって艶出しをしているコッペパンは、他には『藤乃木製パン店』『フジパン』など1960年頃のスタイルを守っているところにあった。西山さんの解釈はそれとはまた別もので、そのこと自体も興味深い。コッペパンのスタイルにひとつの解はないから。

具を挟むところの写真を撮らせてもらったのは「ナポリタン」と「チョコ・カスタード・生クリーム」。

ナポリタンは太麺。ぴん、とはねるくらいの固さだ。具はベーコンとピーマンで、さらっとしたケチャップでまとめてある。

上側にチョコレートの線が斜めに走り、ホイップクリームとカスタードクリームが挟まれている、チョコ・カスタード・生クリームは、一見ジャンクなコッペでも、品のよい甘さで、特にチョコレートは、苦みも、深みもある。

どちらも、水なしで、ばくばく食べてしまえる。胸につかえない。実際、重量的に

ナポリタン　180円
チョコ・カスタード・生クリーム　180円

も、パンそのものは軽い。軽いのに、力強く感じられるコッペパンだ。長靴を履いて畑に入り、土を踏みしめるようなイメージの浮かぶ、食べ甲斐のある口触りで。

パンも具も本気で、抜けがないですよね、と言うと、西山さんからはこんな言葉が返ってきた。

「うちは、お洒落コッペパンじゃなくて、がさつコッペパン」

おっ。耳に残る言葉だ。妙に小気味よく、口に出しても言いたくなる。がさつコッペパン、と。

とはいえ、どこまで額面通りに受け取るべきか。

「正直言っていいですか。コッペ作ったときに、え、こんな簡単でいいの、と思ったんですよ。これまでは、めっちゃ手えかけて、いじくりまわして、フランス料理を挟んだようなとかね、凝ったことをやるのが、僕らはもう創業からずうっと当たり前になっていたから。普通のもんですよね、コッペって。えー、世の中のパン屋さんって、こんな楽してるの、って思いましたよ、俺ら今まで、やりすぎてたんじゃないのって。ふふふ」

オマケの開店以前に、一度だけコッペパンをこしらえたことがあるという。

「東京でイベントをやったときに、もう、すごいコッペパンを作ろうと思って、ブリオッシュ生地で作りました。イベリコ豚の焼きそばを挟んで」

しかし、予想像とはずれがあったらしい。

「もちろん、不味くはないですよ。なんだろうな、コッペパンはこうあるべきじゃないな、と思った。だから、ここではほんとに普通の、ちゃんとおいしい、けど、懐かしいコッペパンを作ろうって」

これまでやってきた、隙なく凝ったやりかたは「コッペパンにまで持ち込もうとはしない」と決めたのだと、西山さんは言った。

とはいえ、ホイップクリームは、動物性脂肪の生クリームを毎日立てて絞り、チョコレートはクーベルチュールを溶かして掛けたりと、出来合いのものには頼らない。

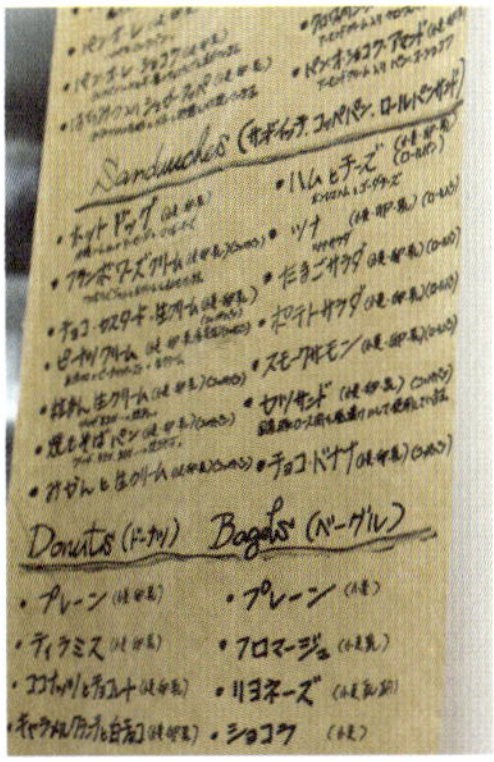

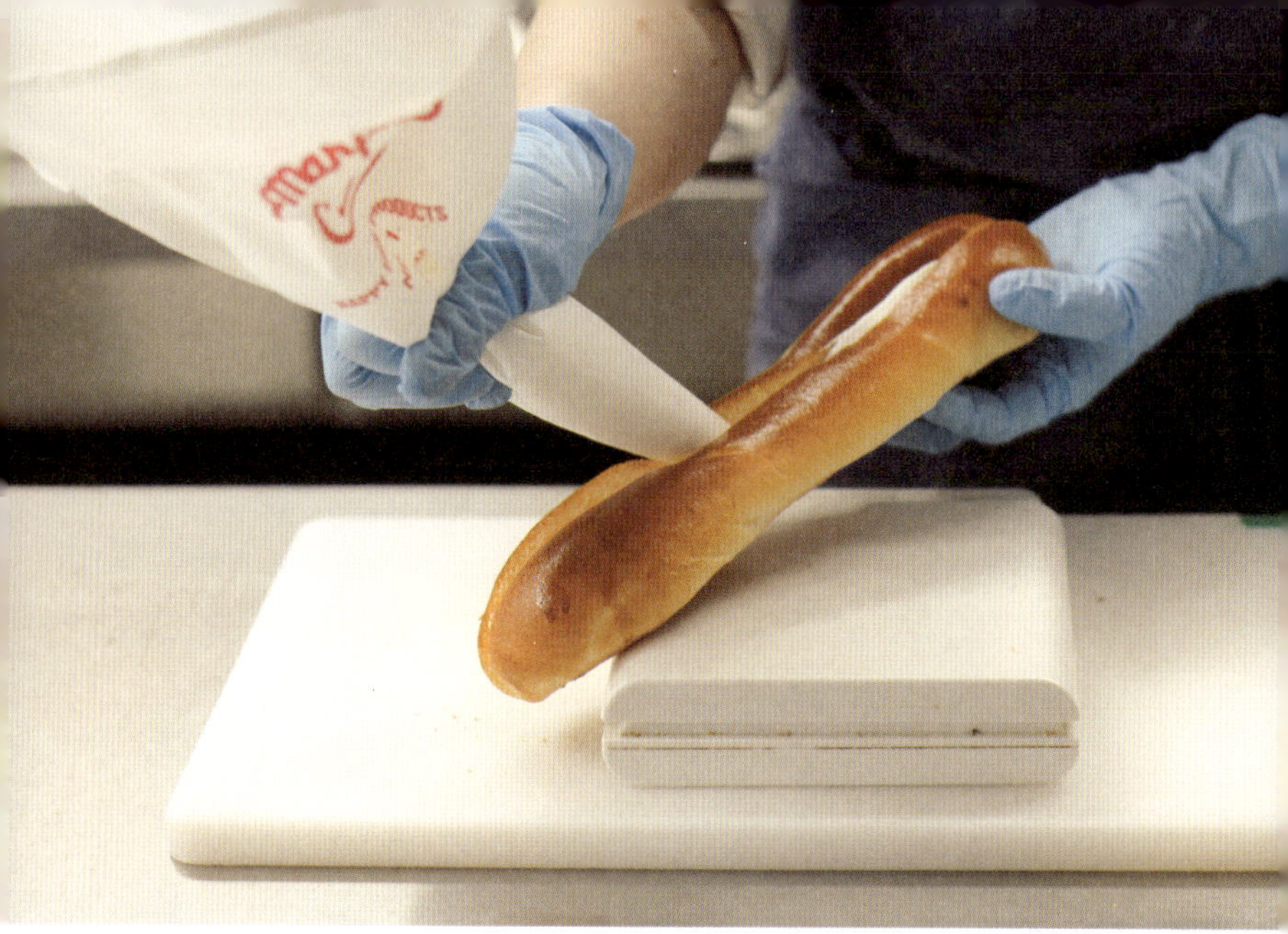

「単純に、そっちのほうがおいしいと思うから。そこはやるぞと」

コッペパンの生地は、蜂蜜入りの食パンの生地を使っている。よそのパン屋さんで働いた経験のあるスタッフたちに「世の中のコッペパンはなんの生地やろ」と訊ねたところ「大概食パンですよ」と返答があり、それでいくことにした。プチメックには他にも食パン生地のレシピはあるが、保湿性のある蜂蜜入りを選んだ。

「懐かしさ」は、値段、そしてサイズで表現している。

「160円、180円、なるべく200円を超えないように。大きさも、僕らが子供のときのイメージのを作ろうって」

実は「あんこ生クリーム」と「みかん生クリーム」「ホットドッグ」のみ、コッペのサイズはやや寸詰まりだ。

同じ分量だけホイップクリームを絞るとすれば、細長いコッペのほうが、一口齧ったときに味わえるクリームの量は少なくなる。そのバランスを考慮してのことだ。ホットドッグについては、挟んでいる沖縄ハムのソーセージの長さに合わせてとのこと。ちなみに、どんな具を挟むかは「コッペパンといえば」と、思い出すものをスタッフと言い合いながら決めたそうだ。私としては、コッペパンといえばあんバター、もしくはマーガリンが真っ先に思い浮かぶが、オマケでは出していない。桂の和菓子店『中村軒』の、水飴を加えない、いいあんこを使っているから、バターと合わせてももちろんおいしいはず、とは私の余計な一言。

西山さんは「コッペパンは柔《や》らかくあって欲しい」と言った。ただ、柔らかいという言葉そのものが、おいしさを表現するときに使われることが、すんなりのみこめないという。

「わあ、このシフォンケーキ、ふわふわでおいしい、って、みんな言いますよね。ふわふわとおいしいは別物でしょ。食感をあらわす言葉と、おいしさをあらわす言葉を、日本人は一緒くたにしすぎなんじゃないかと、僕はずうっと思ってるんです」

たしかに、食感に意味を持たせすぎる場面が多い。ふわふわ、や、とろける、が食べものに対する代表的な褒め言葉になっている。ふと立ち止まって考えてみると、その状況は不思議でもある。

東京・富士見台

藤乃木製パン店

果物を思わせる、色濃いパン

since
1958年（昭和33）年

製造数
12（大、小合わせて）

うちのコッペパン
柔らかいんだけど、噛むとしっかりしてる

この本のためのコッペパン行脚に出る直前、2016年3月3日、木曜日。快晴。西武池袋線、富士見台駅。はじめておりた駅。

駅から、線路に沿ってのびている商店街に『藤乃木製パン店』はあるという。木曜日の正午過ぎだから、もしや売り切れているかもと、ネガティブな予想を胸に、商店街を歩きはじめた。道中、ほとんど人影はなかった。とはいえ、からっと晴れた日なので暗い印象はない。このへんかな、と思ったあたりを過ぎたところで、パン屋の看板が目にとまった。

真上から春の陽が差していて、通りがまぶしすぎて、古めかしい店構えの藤乃木製パン店は仄暗く見えた。しかし、入ってみると、店の中はとても明るいのだった。並んでいるパンは、あんパンも、ゆで卵を挟んだドッグパンも、どれも光っていて、そして、ぷりっとしていて、果物を思わせる。そう、パンそのものがぴかぴか光り、店を明るくしているのだ。その色は、ほんわりしたきつね色ではなくて、相当な数の人の手を渡ってきた十円玉みたいに濃い。

レジの横に置いてある籠の中に「ピーナッツコッペ」がふたつ入っていた。大きめで、平べったい。手計りだと長さは20㎝で、幅は10㎝。

そのピーナッツコッペひとつと、ふたつ組みで袋詰めされている、まだなにも挟まれていないドッグパンを買った。

帰途、空いていた電車内でコッペを一口齧る。店の中でぴかぴか光っていた表面、皮がぐっ

と抵抗する。それは、バゲットの皮みたいな堅さとは異なる、弾力のある抵抗感だった。

反対に、白い中身は柔らかく水気を含んでいて、するすると食べてしまう。皮と中身が一体化しておらず、きっちり線引きされている。見た目だけではなく、そんなところも、果物を思わせる。

帰宅ののち、ドッグパンをトースターの上に置いておいたら、翌朝、先に目覚めた夫がすでにひとつ食べていた。

彼の感想はこうだ。

「焦げてる……いや、ちゃんと焼けてる、日焼けしたみたいに。焦げてたら、苦い味がするけど、そうじゃない。ワイルド。主張あるよね」

藤乃木のコッペパンについて『サッカロマイセスセレビシエ』という本の中には、こう書き表されていた。

「私が藤乃木を〝発見〟したのは、このコッペパンの香りを嗅いだときだ。てかりのある濃褐色から放たれる、深く、甘い香ばしさ。中身はふにゃふにゃ。ただのふわふわではない。ふわふわな中にもどこかコシがある。そして薄いながら噛み切れない強い皮。中身は溶けて快く、皮は溶けず香ばしさを持続させる。そして甘さを控えた生地からはきれいな味わいが溶けてくる。創業90年になるモロズミジャムのピーナッツクリームを使用。レトロなパンにレトロな癖のあるクリームが似合う」

『サッカロマイセスセレビシエ』の著者である池田浩明さんは、ブレッドギーク＝パンおたく、と自称する、パン追い人だ。池田さんが主宰している、パンの研究所「パンラボ」のサイトには、藤乃木のコッペパンは食パンの生地、ドッグパンはあんパンの生地、とあった。

コッペパン行脚も折り返し地点を過ぎた、7月11日、月曜日。快晴。再び、富士見台へ。

春先からずうっと、パンを焼く人たちに話を聞き、パン屋さんを何軒も何軒も巡ってきた。その道中で発見したことのひとつに、店先に並んでいるのはパンでも、ふと、果物屋みたいだな、との感想を抱かされるパン屋さんに外れなし、というのがある。パンの見た目が、ついさっき木からもいできたのではと錯覚させられるくらいに活き活きしており、店の中にはいい匂いが漂う。そして、例えば桃みたいにデリケートな果物は売るほうもそっと取り扱うに違いなく、そういう心持ちの延長線上でパンが扱われているのが分かる、ということ。

3月にはごく普通の客として、ただ、パンを買って帰ったけれど、今日は、藤乃木を営む、加藤良一さん、栄子さん夫妻に店の歴史などについて幾つか質問をさせてもらおうとお願いしていた。ただの客としての感想と、池田さんの文章の引用だけでこのパン屋さんの話を書いてしまうのは、ものぐさすぎるし、もったいないと思ってのこと。

北海道の小麦畑巡りから帰ってきたばかりだった池田さんにも、同行してもらった。

池田さんの顔を見て、栄子さんはとてもうれしそうにした。

「新しいお店ができると、お客さんは一度離れるけど、やっぱり戻ってきて下さるんです。引越していった人が、近くに来ると寄って下さるとか。変わってなくて、よかったーって」

まさに、6年前までこの界隈に住んでいたという池田さんである。前回に来たときとは少し間が空いているそうだが、だからといっ

て、はしゃぎもせず、なんてことなさそうな素振りで、落ち着いてパンを選んでいる。その態度こそに、勝手知ったるかつてのご近所らしさがあらわれているようだった。

お客さんに、コッペパンにジャムを塗ってくれないかと頼まれて、メニューを増やしたこともあったものの、いつもピーナッツコッペのほうが先に売れていくので、ジャムはやめていたけれど、ごく最近、小ぶりのコッペパンを作りはじめて、そちらの具は、ジャムマーガリンと、小倉マーガリン。

その小さなコッペパンは、看板などの写真を撮っているあいだにすっと売れていった。

コッペパンの材料は、小麦粉、塩、イースト、上白糖。前述したように、食パンと同じである。コッペと比べるとほっそりとしたドッグパンの生地には、卵が加わる。

藤乃木の主力選手は、ドッグパンを使った総菜パンだ。そのため、ドッグパンとバンズは平日は128個、週末は＋40個を焼く。

かたや、コッペパンは大小合わせて12個と少数精鋭。

コッペパンがレジ横の籠に入っているのは、特別にそれを推しているからだろうか？

その推測は、外れ。

「はじめたとき、置くとこがなかったので」というのが答えだった。栄子さんは21歳のとき、藤乃木に嫁いできたそうで「私、ここに来てから30年で。20年くらい前まではコッペパンはやってていなかったんですよ」とも。

そして、加藤という姓＝「藤」乃木だろうという推察もこれまた外れ、良一さんの父の修業先から、暖簾分けの際に引き継がれた屋号なのだった。

藤乃木、という屋号のパン屋さんはかつて、東京の西に何軒もあったという。良一さんの父が勤めていたのは、高円寺の藤乃木。ちなみにそこが藤乃木の本家で、１９２４（大正13）年から続いていたそうだが、残念ながら、今はもうない。

良一さんの父は「美智子さまが結婚する前の年」つまり１９５８（昭和33）年に、中村橋で独立し、１９６７（昭和42）年に今の富士見台に移る。そのときに据えた窯を、手直ししながらずっと使っている。小麦粉も、ジャムも、パンの上面に塗る艶出しオイルも、父の代から同じものだという。

そして、ドッグパンに挟むコロッケや焼きそばなどの総菜は自家製。クリームパンのクリームも。カレーパンに入れるカレーソースも以前は一からこしらえていたそうだが、ずっと使っていたカレー粉が販売されなくなったのを機にやめた。そんな仕事を、たったふたりでやっている。

「もう、時代遅れ」と、苦笑する良一さんに、池田さんは「時代時代で変えていたらこんなに好きにならなかった。僕の幻想の中の、思い出のパン屋さんですから」と、言う。

50年以上続く店の中で、意外にも新顔であるコッペパンを、今日は取り置いてもらっていた。

コッペパンに、栄子さんは手際よく切れ目を入れ、ピーナッツクリームを塗ってくれる。所作も、その言葉も小気味よくて、可愛らしい女の人だなあと思いながら手元を見つめていて、はっと気付く。

カットが、斜め！

背割りでも腹割りでもない、そのあいだに切れ目を入れている。

「斜めだと、塗ってあるのもちらっと見えるし。縦だとあんまり塗れないですよね」と、栄子さんは言う。

なるたけクリームを多く塗ることができ、しかも具を可視化できる。いいとこ取りなのだ。思いがけない工夫。きっとそういう積み重ねひとつひとつが藤乃木の魅力を形作っている。

店を出て、パンの袋をさげて、池田さんと商店街を歩きながら、ぽつぽつ話をする。池田さんが考える、藤乃木らしさとは、変わっていないことを殊更に誇示しない姿勢なのだな、きっと。

そう、池田さんはこう言ってもいた。

「変われない人たちだから、続いているんですよ。50年なんて、あっという間だなと思いました」

コッペパン　200円
コッペパン（小）165円

広島・三原

オギロパン

パンの名付けについて コッペパンと味付けパン、しゃりしゃりパン

since
1918（大正7）年

製造数
700（しゃりしゃりパン）
200（コッペパン）

うちのコッペパン
ふわっとしている

海辺の街、広島は三原『オギロパン』で、籠の中に並べられた、円形で、上にはビスケット生地が載せられたパンを見た。東女である私は、ああ、メロンパンだなと認識する。しかし、そのパン籠に付けられた札には「コッペ」とある。

え？

「広島を中心に、三原から呉市までのJR呉線沿い、西は山口県宇部市まで、海を挟んで愛媛県松山市。そのあたりで、昭和の初期までに創業しているパン屋さんはこれをコッペパンと呼ぶんですよ」

鍵は広島市にあったはずだと、オギロパンの四代目、荻路新吾さんは言った。

「鉄道、航路で繋がって、人の流れがあるところに、伝わるものがある。昭和の戦前に、広島でこういう形のパンがコッペパンと呼ばれとったんじゃないかなあと。でも、原爆のせいで全部焼け野原になっちゃったから、文化が消失しちゃって、分からなくなってしまった」

新吾さんは1973（昭和48）年生まれだから、往時のことは実体験としては知る由もない。だからこそ余計にもどかしいだろう。新吾さんの2つ年下の私も、もちろんそうだ。

呉には『メロンパン』という名のパン屋さんがある。そこの看板となるメロンパンは、マクワウリの形をしていて、中には白あんが入っている。オギロパンにも、同じ形で、中にはカスタードクリームを入れたパンがあって、それはやはりメロンパンと呼ばれている。

さて、オギロパンの棚には、柔らかそうでほっそりした、背割りで白いクリームが挟んであるパンも並んでいたのだった。東女だったら、あっ、コッペパンだ、と目をとめるような形のそれは「しゃりしゃりパン」という名前だった。さらに隣には、それよりひとまわり大きい、やっぱり、これはコッペパンだよね、と自分に言い聞かせたくなるような見た目のパンが置かれていて「味付けパン」とある。

「味付けて食べるから味付けパン、と説明しています。しゃりしゃりパンのパンは、味付けパンなんですよ。生地の配合は昔っから一緒です」

頭がこんがらがってきた。一旦、整理したい。

味付けパンは、もともとあった。なにも挟まず、プレーンなパン。ふわっと軽い。食パンに使う量と比べると、砂糖と塩はやや少なめ。「なにかを付けて食べるのが前提だから」とのこと。それをひとまわり小ぶりにして、背割りをし、グラニュー糖のしゃりっとした口触りを残したバタークリームを挟んだのが、しゃりしゃりパン。かつては「バターパン」の名で出していたが、スーパーマーケットに卸すようになった20、30年前に工場長が改名をし、すると見違えるように売れはじめたという。クリームの味を変えて「しゃりしゃり・レモン」「しゃりしゃり・ブルーベリー」など、しゃりしゃりシリーズとしてもいろいろと広がりを見せている。今も、毎日700個は売れるそうで、オギロパンではいちばんの人気を誇る。ちなみに「オギロパンのコッペパン」は、一日200個。

パンは日本古来のものではないのに、いろいろと地域性があるのは面白いなと思っている、私がそう言うと、新吾さんは、うーん、と唸ってから、こう返す。

「まあ、日本古来のものでないから、地域性が出てくるんだと思いますけどね。素地がないから」

だから、いかようにもできるということ？

「そうそう。小麦練って膨らんで、ちょっと甘くて、中になんか入っとるもんがパン、という前提があったら、その元で自由に作っちゃうでしょう。で、よその店で売れとるけえ、これ作ってみようやという形で、あんこ詰めてみたり、上にクッキー生地載っけてみたり。情報が少ない中で、見よう見まねで」

岡山は和気《わけ》でパンの技術を学んだという、新吾さんのおじいさん、荻路幸一さんは、1918（大正7）年、三原城の程近く、館《やかた》町にてオギロパンを開業する。1966（昭和41）年、

OGIRO
焼きたて
工場直送
オギロパン
曜 7時~ 19時 日曜 祝日 8時~14時 営業中！

今の国道2号線沿いに移る。

しゃりしゃりパンは、新吾さんの父、欣吾さんが物心ついた頃にはすでに、背割りにしてクリームを挟むスタイルだったそうだ。

「昔は横開きのパンもありました。マーガリンが塗ってある〝ロールパン〟というの、それだけでしたね」

西日本のコッペパンは背割りが多い、その傾向は、オギロパンの風景にもあらわれている。

「割り方なんか、気にしたことなかったですけどね。たしかに、最近、テレビなんかで見る『福田パン』は横に切ってぱかって開いてますわね」

なぜ背割りか、との疑問に対して、新吾さんの解釈は「中身見えんと、信用ならんけえ」ということだった。

ここで話題に上がった福田パンに代表される、コッペパンの再評価の気運は、三原界隈では特段みられないというが、新吾さんは、流行をこう解釈している。

「目新しいものをやり尽くして、やっぱり昔ながらのコッペパンがいいやん、と元に戻るパターンじゃないですか。落語ブームみたいに。お笑い一通り見たら落語もういっぺん見直そう、と。古典的で、シンプルなパンですからね。で、提供の仕方もシンプルですよね。半分に割ってから、クリームを目の前で付けるとか。ぱっと見ただけで、味の想像はつきますわね。結局、よく売れてるものは、今まで見たことのあるようなもの、想像がつくようなもの。そんなに新しいものはぽんぽん出て来ないですよね、ほんとは」

　折しもそこに、欣吾さんがあらわれた。ちょうど私がトレイに載せていた味付けパンを指して、こう言う。

「東京じゃ、これをコッペパンと言う。うちは味付けパンじゃけえ。味付けパンって残ってるの、広島じゃ、うちだけよ」

　欣吾さんは新吾さんのほうを振り返り「今日は何の話なん」と訊ねた。新吾さんは「普通のコッペパン。味付けパンの話」と応じる。

　この店に「オギロパンのコッペパン」であるところの「東日本でのメロンパン」について聞きに来る人はきっと大勢いるのだろう。店の壁にも、取材記事が貼ってあった。ただ、「普通のコッペパン」＝味付けパンには、あまり目を留められることはないのだろうな。

　昔のままの名前が残っているのは面白いですね、そう私が言うと、欣吾さんは「そうそう、未だに使いよる。変えんかっただけの話よ」と、からっと笑った。

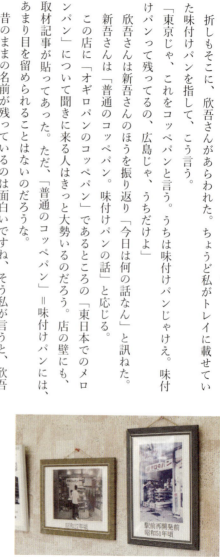

3章

袋入りコッペパン

岡山木村屋

つるやパン

山崎製パン

フジパン

岡山

岡山木村屋

世代毎の思い出、ドイツコッペとバナナクリームロール

since
1919（大正8）年

製造数
※非公開

うちのコッペパン
噛みしめるほど
味が出てくる

『岡山木村屋』の「ドイツコッペ」は、この本で紹介する中では最も大きい。長さは私の履いている靴をやや超えるくらい、ということは26㎝はある。幅も10㎝ほどはある。

味わいも、最も素朴だ。パンそのものには、甘みよりも塩気を感じる。歯応えが、ありすぎるくらいある。

とはいえ、この店で最も目立っているのは「バナナクリームロール」だ。ドイツコッペよりも小ぶりで、口触りは柔らかく、甘みがある。腹割りで、バナナクリームが挟まれていて、パッケージには「バナナのスイートな風味がとってもステキです。」とある。

「横長、長尺のパン、全国的にはコッペパンと呼ばれていますが、岡山ではロールパン。歯切れよく、甘くて、サクッと食べられる。岡山県にはロール文化があるんですよ」

ロールについて、取締役部長の宮永良明さんはそう説明してくれた。「つぶあんマーガリンロール」「粒入りピーナッツロール」「イチゴジャムロール」などと、幾種類もの味が揃うのも、その文化ゆえだろう。

対して、ドイツコッペはといえば、腹割りにしてクリームを挟んだ「バナナドイツコッペ」と「オレンジドイツコッペ」、そして、切れ目を入れていないプレーンなもの、その3種のみ。「ドイツコッペは、スライスして、サンドイッチにしてもらってもいい。噛みしめるほど味が出てくる。〝しわい〟というか」

「しわい」とは、岡山では「噛み切りにくい」ことをあらわす言葉だという。あるいは「やりとりがしわい＝物事が上手くいかない」、とか「あの人はしわい人＝難しい人」だとかの意味でも使うと聞いた。あまりポジティブな言葉ではないもよう。けれど、このコッペの、しっかりと歯応えのあるよさにはいちばんしっくりくるのだ。

岡山木村屋は『木村屋総本店』の岡山支店として1917（大正6）年に開業し、1919（大正8）年に独立。岡山木村屋との屋号を名乗る。

今では、岡山県内及び広島県福山市のみに四十数軒弱の直営店がある。それと専売店が数十軒。スーパーマーケットなどへの卸はしておらず「パンを作り、店も作る」ことが身上、という。

それにしても、なぜ「ドイツ」なのだろう。製法をドイツの人に教わったとか、岡山がなにかしらドイツと縁があるとか、そういう由来を想像していたものの、単純に「素朴な、リーンなパン」だから、ドイツらしさを連想させると、名付けたそうだ。パッケージの裏に記されている原材料を見ると、たしかに卵も乳製品も入っていない。それが、パン用語では「リーン」ということ。対して、甘くふんわりしたロールは、リッチなパンである。

ちなみに、バナナドイツコッペに挟まれているバナナクリームは、バナナクリームロールに使われているのと同じだ。しかし、オレンジクリームは「リーンなパンのほうがマッチする」

という理由から、ロールには使われていない。

　私がドイツコッペを知ったのは、２０１５年の大晦日の朝、山陽自動車道の倉敷ＪＣＴ程近くにある岡山木村屋の倉敷工場売店に立ち寄ったのが最初だ。あまりに力強いロゴに惹かれ、手を伸ばした。大晦日に店が開いていてパンが買えるなんて有難いなあと思いつつ。売店の扉には、24時間営業とあった。ＮＨＫの名物番組「ドキュメント72時間」の舞台にぴったりなのではないかと勝手にイメージしている。

　この工場は１９６４（昭和39）年から操業している。

「できた頃は、まわりは何もなくて、電線が一本だけ走っているくらいのところでした。幹線道路沿いなので、どうしても24時間営業を求めるんです。タクシーの運転手、夜勤の方、いろいろなお客さんが来られます」

　もちろん、工場で働く人たちのためでもある。「出勤、退勤するとき、自分の作ったパンが売られているのを見て安心する」のだという。たしかに、どんなにかほっとすることだろう。

その大晦日は、ドイツコッペを抱えたまま、倉敷の街なかの古書店『蟲文庫』に立ち寄った。そのときは言いそびれたのだが、後日、店主の田中美穂さんに、岡山木村屋に行きましたよ、と、メールを送った。

田中さんからいただいたお返事を、ここで紹介したい。

岡山木村屋のバナナクリームロール、年代にもよると思いますが、わたしくらいの世代（40前後）ですと、まさにソウルフードです。

周辺の小学校からの工場見学はたいていこの岡山木村屋で「帰りにこのバナナロールをお土産にもらってかえった」というのが共通の思い出です。

昨年も、都内のある飲食店で一緒になった倉敷出身の人とこの話になりました。ちなみに私は4クラスあった中の4組の生まれ順の尻尾だったため、バナナロールの数が足りず、最後の4人ほどだけコーヒーロールだった……というオチまであります。

そんなこんなで「みんな大好きバナナロール」というイメージです。

地元を離れても、その懐かしいパンを橋渡しにして同郷の方と盛り上がれるのはうらやましいな。私も田中さんと年が近いから、もし岡山で小学生時代を過ごしていたらきっとロールの虜になっていただろうか。残念ながら、社会科見学を受け入れていたのは二十数年前までのことだそうで、だからその思い出も世代が限定されてしまうのだけれど。

「焼き立てのバナナロールのまだちょっと温《ぬく》くて、できたばっかりの感じは、35歳から上の県民なら知っています、染み付いている」、今年37歳になるという宮永さんはそう言った。

帰省の折に買いにくるお客さんのため、お盆と年末年始はバナナクリームロールの生産量が増えるそうだ。また、50、60代のお客さんには、かつてコッペに目の前で具を挟んでもらった思い出がある。

「カンカンから、へらでクリームを取って、おばちゃんが塗ってくれたといいます。そのお客さんの思い出を、現代にリバイバルしたらどうだろうかと」

2014年晩秋より『イオンモール岡山』の一角に、注文に応じてクリームを塗るための場を設けた。用意されているのは、ドイツコッペの生地、ロールの生地の2種類の、小ぶりのコッペパン……いや、貼り紙には「オーダーメイド〝ロール〟」とあるから、あくまでもロールなのか。岡山はどこまでも、ロールの国である。

あなただけのクリームサンドロール
Order made Roll
お好きなクリームをはさんで
あなただけのサンドロールを楽しもう！
お持ち帰りいただけます。
TAKE OUT OK!
パンが選べます。
スイートロール
ドイツロール
2種類の味が楽しめる
ハーフ&ハーフが選べます。
ホール
ハーフ&ハーフ
オーダーメイドロール
お好きなロールパンに
お好みのトッピングで
オリジナルな味が楽しめます。
バナナクリームロール 160円
オレンジクリームロール 160円
チョコクリームロール 160円
コーヒークリームロール 160円
ブルーベリークリームロール 160円
トッピングが選べます。
マコロンクランチ
チョコクランチ
マカダミアナッツ
アーモンド
プレミアムクリームロール
岡山木村屋特製のプレミアムなクリームの味が楽しめます。
チョコバナナクリームロール 180円
白桃クリームロール 200円
プレミアムオレンジクリームロール 200円
スペシャルサンドロール
季節により、さまざまな味の製品をご用意しています。
別途、店頭POPをご覧ください。
価格はすべて税込価格です。

滋賀・木之本

つるやパン

サラダパンは「おもいでパン」

since
1951（昭和26）年

製造数
平日2,000／週末3,000

うちのコッペパン
上がつるんとしていて、下に白い部分が残ってぽこぽこしている造形美滋賀といえば、琵琶湖。その湖北にある『つるやパン』の、つるや、という屋号は、1951（昭和26）年の創業当時には、向かいに旅館『かめや』、駅前には和菓子屋『はとや』があったことから、うちはつるでいこう、と決めたそうだ。のどかなエピソードだ。ちなみにはとやは今もある。

創業当時に作っていたのはあんパンとジャムパンのみ。おにぎりの代わりになるパンを、という提案から、紆余曲折あって、マヨネーズで和えた沢庵のみじん切りをコッペパンに挟んだ「サラダパン」が考案され、それが名物となり、今に至る。

大阪と敦賀を結ぶ北国《ほっこく》街道沿いにあるこの店は、自家製のパンのみを扱っているわけではない。粉もの中心の食料品店として、あまり買い物が便利にできるとはいえない小さな街での生活を支えてきた。特筆すべきは、ヤマザキのパンも並べているというおおらかさ。他に、カップ焼きそばや、スナック菓子、はたまたオロナミンCなども並んでいる。

「昔は、看板もヤマザキのスージーちゃんでした」

つるやの三代目、西村豊弘さんは、東京に出て勤め人をしていたが、20代半ばで帰郷し店に入って、まず、新しい、オリジナルの看板に付け替えることにした。10年前のことだ。

店の前に立ち、パンを象った、アルミ製のその看板を見上げる。

「みんな、これサラダパンやね、って言わはるけど、自分にとっては中に具が何も入っていないコッペパンなんですよ」

富山は高岡の鋳物《いもの》工場に注文したのだという。

「高校の同級生が建築士で、鋳物といったら高岡、と教えてくれました。コッペパンを作ってくれ、というオファーは初めてだったそうで、面白いと思ってもらえたみたいで」

サラダパンを発明したのは、豊弘さんの祖母、智恵子さん。今年で88歳になる。お店のレジ横にある調理場で、ニットの帽子をかぶって立ち働いている。

つるやに嫁いできて程なくして、雑誌に載っていたレシピを参考に、智恵子さんはマヨネーズをこしらえてみた。そのとき参考にしたのはおそらく『暮しの手帖』ではないかとのこと。「これはおいしいソースや」と、うれしくなったが「サラダ油、卵黄、お酢。胃に負担がかかりそうやな」との心配も生じた。時を同じくして、キャベジンという胃薬が発売されるらしいと、つるやの向かいの本陣薬局で聞いたそうだ。ちなみに「キャベジンコーワ」の発売は1960（昭和35）年。

それをヒントに「胃にやさしいもん入れよう」と、キャベツの芯をみじん切りにして、マヨネーズで和えてみた。つまり、コールスローをこしらえたのだ。

それをパンに挟んで1年半ばかり売り続けたが、キャベツの水分がにじみ出てパンにしみ、日保ちがしないという難点は否めない。

「日保ちのする野菜で、食感がしゃきしゃきしているものを探したそうです」

そこで、沢庵が登場。今のサラダパンの原型ができあがる。

　短かったキャベツ時代の名残は、サラダパンのロゴの緑色に見ることができる。そうそう、その緑色を縁取る黄色は、沢庵カラーではなくて、マヨネーズをイメージした色なのである。

　工場におじゃますると、ボウルにうず高く盛られ、挟まれるのを待つ沢庵マヨネーズがあった。湖東の漬物店『マルマタ』の沢庵に、味付けは白胡椒。和えるのは、大阪の『ケンコーマヨネーズ』のいちばんマイルドなタイプ。酸味が強くないマヨネーズを探していてこれに辿り着いたという。
　ここで忙しく立ち働く方々を指して、豊弘さんは言う。

つるやパン

「自分が小学校の頃から来てもらっているので頭が上がらないです。うちのいちばんの武器はこのおかあさんたちなんですよ。この人らが居ないとできないです」

切れ目を入れたコッペパンに沢庵マヨネーズを塗るのは、20年ここで働いているという方。塗っては、計りに載せる。次のを塗ったついでにちょびっと塗り足して調整する。とはいえ5個の内4個は一度の塗りで重さがぴたりと決まっている。


窯から出されたばかりのコッペパンの写真を撮りながら、こんなに小さかったかな、と訝しく思っていると、その感想は当たりで、これは揚げパン用のパンとのこと。

「揚げパン用のパンなので焼き色を抑えてあります。サラダパンは20㎝、これは12㎝くらいです。幼稚園用のコッペパンは、これより小ちゃいです」

つるやでは、滋賀県内の学校給食用のパンも作っているのだ。幼稚園、小学校低・中・高学年、中学校と、コッペパンのサイズは徐々に大きくなる。中学生のためのコッペはサラダパンよりひとまわり大きい。

「自分らのときは週3、4はパンだったんですけど、今は週1くらいです。3回に1回は食パンになります」

今週は角食だそうで、ちょうど焼き上がっていたところだった。ちなみに学期末には揚げパンにきなこと砂糖をまぶした「黄金パン」をこしらえる。

学校給食用のパンについては、作り手の自由は限られるけれど、発酵時間のやりくりなどを工夫している。

「サラダパンとえらい味違うやん、と言われるんですけど、滋賀県内ではいちばんいい給食のコッペパン出してるつもりです。サラダパンも、すごくいい粉ではないんです、中くらい。サンドイッチ用の「まるい食パン」に使っている小麦粉は、お米でいうとあれやね、日本酒の大吟醸。コッペパンは、雑味の多い純米。製法は同じ湯種《ゆだね》です。子供たちがおこづかいで買える値段で、その中で粉の限界ぎりぎりまで工夫して、印象に残るパンを作れたらなあと。サラダパンは、というかコッペパンは、3、4年に一回くらいマイナーチェンジをします。工場長が昔からよく言ってました。変わらないね、と言われるために変えていく。味を上げていく。変えないと、変わってしまう」

最後の一言は禅問答のようだが、変えないでいると「最近味落ちたことない？」などと言われてしまうそうで、人が抱えている味のイメージは時とともに変化していくので、つるやもまた、その時の速度に合わせて歩んでいく、という

ことか。

創業当時は、裏の蔵を改装してパン工場として使っていた。

「『フジパン』の職人さんに指導に来てもらって、地元の、中卒の若い男の子を10人くらい雇っていたと聞いてます」

店から少し離れたところに工場を建てたのは１９６０年代半ばだから、移ってきてもう50年は経つ。焼けたパンを載せて冷ますラック、番重、パンカッターなど、当時からずうっと使い続けている道具も少なくない。昔の道具は丈夫、と、豊弘さん自身も感心していた。

積まれた番重から、つるやパンのロゴの変遷を見ることができる。初期は明朝体。20、30年前の一時期、ゴシック体を使い、今は丸っこい書体で、色はピンク。そういえば、お店から工場まで乗せてきてもらった車にも、ピンクのラインが入っている。

「いいおっさんがピンクの車に乗ることへの違和感が昔はあったみたいです」

まだまだ、そんなおっさんには届かない年齢の豊弘さんは微笑みながらそう言う。

お店でパンを入れてくれる袋にも、やはりピンク色で「おもいでパン」の一言が添えられている。この秀逸なコピーも、豊弘さんの作。

「お客さんの思い出もあるし、こっちの作る思いもあるし」

東京・秋葉原

山崎製パン

since
1948（昭和23）年
製造数
180,000,000（＊）
うちのコッペパン
ふんわり、しっとり

一億総コッペ

日本でいちばん大きなパンの会社『山崎製パン』の1年間のコッペパン生産個数は1億8000万個。*つまり一億総コッペ！　コッペパンをイメージしたときに、この、透明な下地に、疾走感のある白色の手書きロゴのパッケージを思い浮かべる人は少なくないはずだ。

「コッペパンは菓子パン群の中では中心的なアイテムで、売り上げも、ベスト10に入ります」

パン第二部課長の服部さんはそう言った。

ちなみに、売り上げベスト1は、あの5個組の「薄皮つぶあんぱん」、その後には「まるごとソーセージ」「ランチパック（ピーナッツ）」と続くという。

コッペパンの、いちばん人気のある具は「ジャム＆マーガリン」。ちなみにジャムは苺で、自社製とのこと。2位は「つぶあん＆マーガリン」で、ついでにいえば、あんこも自社製。3位は「ピーナッツクリーム」。

ただ、日本の北から南まで等しくジャム＆マーガリンが支持されているわけではない。売り上げの7割を占めるのは、東日本である。

ヤマザキが「東／西」の境界線を引いているのは、静岡県浜松市だそうだ。そこからもうちょっと西進し、愛知県豊橋市が「そば／うどん」文化圏の分かれ目だという説を『天ぷらにソースをかけますか？』という食文化考察本で読んだ。そのあたりから三重県四日市市にかけてが「鰻の背開き・蒸す／腹開き・蒸さない」の分岐点だともこの本にはある。

ヤマザキは、販売地域をたまたまそう割り振っている、というが、あながち、偶然でもなかろうと思われる。

浜松より西では、スタンダードなコッペパンよりも、ロールパンを使った「スペシャルサンド」のほうが支持される傾向にあるとのこと。

服部さんは、こう解説してくれた。

「腹割りにしているタイプはコッペパン。背割りにしている、中身が見えるタイプはロールパン。西のほうは後者が多いです。コッペパンじゃないんですけど〝ナイススティック〟という商品は腹割りなんですよね。で、私が関西にいたときに、一度、背割りにして中身が見えるほうがいいんでないかという話もありましたね。やっぱり、そういう文化なのかな」

なるほど。

コッペパンは長さが20㎝強くらいで、ロー

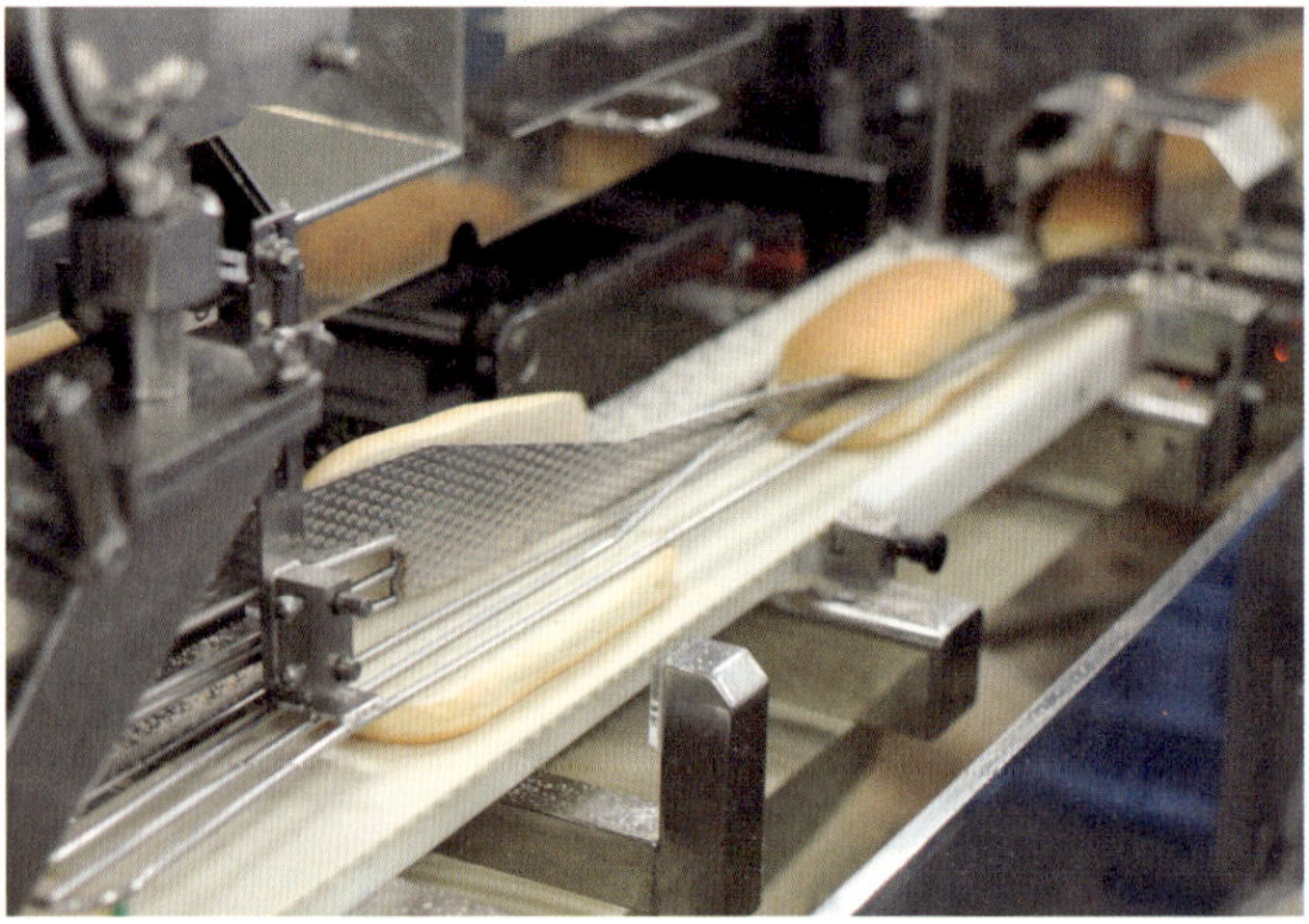

ルパンは同じ長さでも幅がやや狭いという。

そして「北海道でヤマザキのコッペパンは流通していない」という、驚きの一言を服部さんはさらっと口にした。

札幌工場は1992年より操業しているが、そこではコッペを製造していないらしいのだ。

さらにいえば沖縄も、ヤマザキのコッペ空白地帯だ。沖縄にはそもそも工場がない。

そして、コッペパンは、ヤマザキの創業当時の看板商品だけれども、1970年代から80年代半ばまでは存在感をなくしていたという。コッペパンはずうっと途切れず、日本の、みんなのパンだった、と言い切るのはやや乱暴なのかもしれない。

北は青森から南は鹿児島まで、コッペパンの生地は同じ配合にしている。

「同じ機械が揃っているわけではないので、全く同じことをやっても全く同じものができるわけじゃないというのが難しい」と、服部さんは言う。

「水分の量を微調整したり、工場に合ったミキシング時間に変えたりして、全国一律の品質のものを出す努力をしています。逆に、中の具材はエリア毎に、地産地消商品だったり、いろいろな展開をしています。エリアマーケティングをしっかりやって、地域のニーズに合わせたコッペパンの味がそこでは出ているんですよ。去年一昨年からだいぶ総菜系のアイテムが増えて、それがボトムアップに繋がっている。ツナ、たまご、焼きそば。昔はなかったです」

地域限定、季節限定の具は年間では50種類を超える。ちなみに値段は、どれも同じ。

「何年か毎には、生地の配合、具材の量と生地のバランスの見直しとか、定期的にリニューアルしながら継続してやっています。その時期によって、お客さんの嗜好はだいぶ変化していくんですよね。同じのをずっと続けていくと

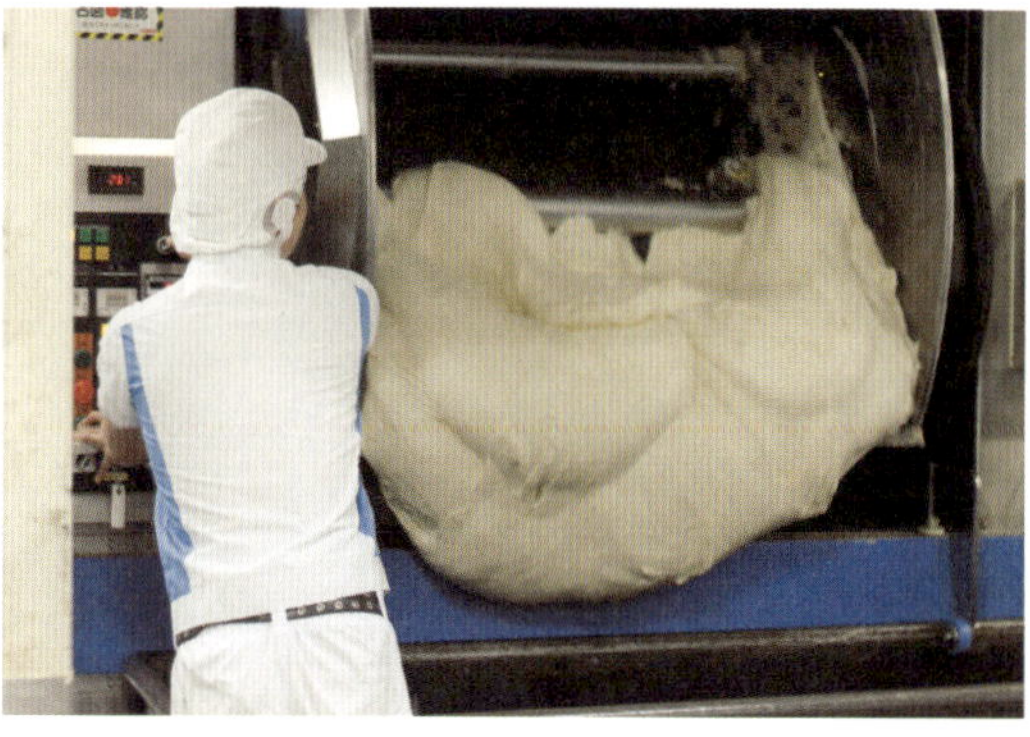

飽きてきちゃいますし」
今年3月には、コッペパンに挟むジャムや粒あんを増量したそうだ。

いろいろなコッペパンを集中して食べてみるという日々を過ごしていて、コッペパンの焼き色には、存外幅があるものだと気付いた。その中では、ヤマザキは、わりあい薄めの色付きだ。

服部さんは「コッペパンに関しては、昔から、こういう優しい色ですね」と言った。

「ソフトさというところにおいても。焼き込んで色が濃くなってしまうと、表面が、色付いてる分だけ堅くなってしまう。あんパンとかロールパンとかは艶を出しますが、コッペパンはそれもせずに、本来の飾り気のない味と見た目、ほんとうの素朴さというところですかね」

ヤマザキは1948（昭和23）年、千葉は市川で創業した。今でも千葉県は「市場シェアも全国でかなり高いほう」だそうだ。ちなみに、写真を撮らせてもらったのも、千葉工場にて。

創業者の飯島藤十郎さんは1910（明治43）年生まれ、十代の数年間『新宿中村屋』に勤めていたという。当時の中村屋の年表を見ると、すでにクリームパンやロシアパンを作っていたとある。日本のパンの歴史を辿っていくと、根っこのところでけっこう繋がりがある。

＊ 2015年の数。

愛知・名古屋

フジパン

since
1922（大正11）年

製造数
一日150,000

うちのコッペパン
しっとり、おいしい

帰ってきた
黒コッペ

『フジパン』の「黒コッペ」は、スーパーマーケットの売り場でも、その大きさと、力強さが目を引くコッペパンだ。袋を開けると、ふわーっと黒糖の香りがする。取り出した黒コッペは、つやつやと黒光りしている。面に塗られた、艶出しクリームのおかげだ。「パン」まで言い切らない、渾名のようなネーミングが醸し出す気さくさは、この姿に似合っている。

袋のおもてには、子供が「ロングセラー」と書かれた札を持つイラストがあしらわれている。そして「富士的懐古ＩＳＭ《イズム》」との言葉がある。それは、どういう意味なんだろう。


フジパンは、名古屋にて、当初は『金城軒』という屋号ではじまった。『パンの明治百年史』の「愛知県パン業界歴譜」によると「第一次世界大戦中のパンの需要の増加ぶりをみて、この仕事を通じて社会に奉仕しようと考え、大正11年に創業した」とある。

関東に工場を置くようになったのは１９６０年代後半から、この度おじゃまさせてもらったのは、埼玉県入間市にて１９６９（昭和44）年に操業を開始した武蔵工場。日々ここで働くのはおよそ６００人、小麦粉の使用量は月間１３２０ｔという大きな工場だ。

案内された応接室では、まず、掛け軸に目がとまる、というよりもむしろ、釘付けになる。

「一片のパンに人生あり」

正に力強い言葉。創業者、舟橋甚重《じんじゅう》さんの言だそうだ。

まずは、製造課課長の川上将史さんに、黒コッペ発売のいきさつを聞く。

「2004年には、団塊世代の幼少期にあたる、昭和30年代を懐かしむ流れがブームになっていました。〝日本昭和村〟〝日本ラーメン博物館〟〝ALWAYS三丁目の夕日〟だとか。古きよき時代は、そのときを知る人にとっては、懐かしく、そして若者にとってはレトロ、ノスタルジアというところが新鮮に映ったのではないかなと。懐古ブームの中で、フジパンの営業部が一冊の本を開きまして。『パンの道八十年』というフジパンの80年間の歩みが綴られた本の中に、1955（昭和30）年のヒット商品が記されていました。その中にあった黒コッペを復活させようという話が出てきまして」

その社史にあるかつての写真を見ると、パッケージのデザインも、茶色で半透明で、黒コッペのロゴは白色の明朝体で大きく入っていて、今のものとほぼ同じである。違うのはロゴが縦組みであることくらいだ。

「ただ再現しただけでしたら、内輪のネタで終わってしまうので、現代の日本人の味覚に通用するおいしさがなければ。当時よりは生地にしっとり感を持たせて、脱脂粉乳をベースにした素朴な味のミルククリームは、油っぽさのない、口溶けのよいものを選んでサンドしたと。クリームの融点は夏場と冬場で変えています。真夏はほんとに30～40℃近くまで気温が上がる中で、冬のクリームを使っているとどろどろに溶けちゃう、パンにしみこんでしまうということ

になりますね。若干口溶けは悪くなるかもしれないですけど、工夫はしています」

ミルククリームは黒コッペ専用に開発されたものだ。

「ミルククリームがおいしいから、クリームだけ売ってませんかという問い合わせも、一年に2、3回くらい来ますね。クリームなしの黒コッペが食べたいというお客さんも、ごく稀にいらっしゃいます」と教えてくれたのは、マーケティング部の小山春菜さんだ。とはいえどちらも、販売の予定は今のところない、とのこと。

小山さんはこう続ける。

「若い方にとっては新しく感じられて、年配の方にとっては昔あったなあ、懐かしいね、と感じられる、懐かしいと新しいを両方兼ね備えたものが黒コッペです」

袋にある「富士的懐古ＩＳＭ」は、古さ＋新しさを伝えるための言葉だそうだ。

黒糖の味がするパンには、妙に懐かしさを呼び起こされるものだ。実際、あのときこう食べたな、という個人的な記憶を特段持っていなくとも。けれど、それをコッペパンという形で、パン屋の店頭で見かけることはあまりない。作るのが難しいのかなと想像した。それは存外的外れでもなかった。川上さんの説明はこうだったから。

「まず、製造の立場からいうと、生地を伸ばした後の機械の掃除にものすごく時間がかかる。普通の生地と比べると、黒糖の生地はすごくだらっとするので、なかなかラインに落とし込むのが難しかったり、ボリュームが出づらかったりとか、そういうところもあるかもしれないですね」

復刻されてからすでに12年が経っている。新商品を出しても、その寿命は数か月というものがほとんどで、1年以上売り続けられたらロングセラー。それがスーパーマーケットのパン売り場の現状だ。ということは、黒コッペは復活して後、かなりのロングセラーぶりを誇っているのだ。

製造数は他の工場も合わせて一日におよそ15万個。けれど、工場を置いていない沖縄では、フジパンのパンは流通していない。

生地の配合はどの工場も同じにしている。

「ただ、水が違う。その土地によって、若干軟らかかったり、硬かったり。ここ、武蔵工場は普通のところよりもちょっと水が硬い、弱硬水ぐらいです」

工場長の髙橋和己さんがそう教えてくれた。

そうだ、飲みものではなくたって、水を使って作る食べものなのだから、その土地の水質に左右されないはずはない。

黒コッペが支持されているのは、断然、関東地方とのこと。東北地方でもこのところずいぶん売れているそうだ。

「仙台には東北フジパンの工場がありまして、そちらがすごく伸びてきています。ボリュームがある、懐かしい黒糖味のパンが好まれるのかどうか、分析はまだできていないんですけど」

仙台工場で作られるパンのうち、黒コッペが占める割合は8％で、ここ武蔵工場は9％と、ほぼ同じくらい。

そして「名古屋、三重、岐阜あたりは、コッペパンよりもちょっと細い〝サンドロール〟が売れます」と、小山さん。

名古屋で創業したフジパンとはいえ、黒コッペにはその地元らしさがあらわれているわけではないのだった。背開きで細身のサンドロールは、関東の工場でも以前は作っていたものの、いまひとつ売れ行きがぱっとせず、今は止めているという。コッペパンにとって、東西の壁はどうにも厚い。

Fuji
フジパン
空き箱は速やかにお返しください

コッペパン
よもやま話

東ぽってり、西ほっそり、背割り。

セブン - イレブンでみる、コッペパンの形状と、あんこについて。

コッペ道中で、西日本では断然「細長い形＋背割り」が支持される傾向にあると知ってから、スーパーマーケット、それからコンビニエンスストアのパン売り場も、それまでよりも丹念に見て歩くようになった。

『セブン - イレブン』には、オリジナルのコッペパンが売られている。その形がその土地によって異なることに気付いた。この図を見てほしい。

どれも具は「あん＆マーガリン」だけれど、福島のみ、こしあんで、他は全て粒あんだった。

御社のコッペ事情はいかがですか、と、問い合わせたところ「セブン・イレブン・ジャパン」

福島県福島市　ずっしりコッペ

腹割り、ぽってり

広報担当者さんからのお返事には「大きく地域毎に形を変えてきたのはここ2、3年ほどとなります」とあった。コッペの形を分ける境界線は、太くくっきり引くことはせず、購買層のデータなどをつぶさに分析し、そこで割り出した地域毎に作り分けているそうだ。また「定番の〝つぶあん&マーガリン〟は一部地域では〝こしあん〟を使用しております」と。すると、福島では、こしあんが支持されているということか。県内ではいちばん存在感の大きい和菓子店『柏屋』の看板商品「薄皮饅頭」は「こし」も「つぶ」も両方揃っているけれど、もしかしたらこしあんのほうが人気があるのかな。確証を得たくて、こちらにもまた問い合わせてみたところ、企画部の柏原敏昭さんからは「弊社の薄皮饅頭は、その月々で変わりますが、概ねこしあん65%、つぶあん35%になります。上品でなめらかな味わいのこしあんが好まれているようです」とのお返事をいただく。

　その後、山形県山形市のセブン‐イレブンでは、やはり「ずっしりコッペ」が並んでいて、しかし具は粒あんであると確認をした。

　土地毎にこれだけ細かな差異を見出せるとは、存外一本道ではないコッペ道、歩くにはあらためて靴紐を結び直したい。

広島県三原市　コッペパン

背割り、細身

東京都足立区　コッペパン

腹割り、スタンダード

1986年の夕刊フジ

1986（昭和61）年2月22日付の夕刊フジに、たいへんわくわくさせられる筆致の、コッペパンの記事が載っている。なんたって「〝ニューKoppe時代〟がやってくる！」というのだから見逃せない。

『山崎製パン』の本社と千葉工場を訪ねた折、30年前の雰囲気を伝える資料をいただいた。それがこの記事なのである。まずはとっくりとご覧いただきたい。

書き出しには、コッペパンはもう忘れられつつあるのではないかという危機感があらわれている。さらに10年さかのぼった1976（昭和51）年には、学校給食に米飯が取り入れられはじめている。それもあって、コッペパンの存在感が薄れているとの恐れがあったのか。

当時のヤマザキのコッペパンは「サクッという歯ごたえの軽さが若い人たちに受けている」とある。しかし今のヤマザキでは「ふんわり、しっとり」を打ち出している。時代によって、求められる口触りはやっぱり移り変わるのだ。

果たして、1986年は「ニューKoppe時代」となり得たのだろうか。私は当時は小学生で、漫然と学校給食のコッペパンをぱくついている頃で、世の中のパン事情などちっとも分からなかった。ただ、今、この2010年代をあとから振り返ってみればきっとある意味「ニューKoppe時代」と言えると思いたい。

そうそう、「コッペ」の語源について「オランダのコッペ男爵が食べていたからついた名」

あのゾウリのような形が懐かしい。見た目は悪いが、脱脂粉乳にひたして口に入れれば、甘くとろけてのどを下ったものだ。歯ごたえも、昨今のスポンジのようなパンとは違った。その昔、このパンほしさに身を売った若い娘もいたという。父さん、あのコッペ、どうしたんでしょうね。あなたも食べたあのコッペですよ…。

（平野　[illegible]記者）

WIDE'86

コッペパン健在

"ニューKoppe時代"がやってくる！

スマートになって売れゆき上々

新製品

サクッと軽い歯ごたえ、若者にもウケる

コッペパンの名前の由来については、フランス語で「切れ目」を表す「クッペ」が語源とか、いやオランダ語のコッペ（男爵）が食べていたからついた名前とか諸説フンプンだが、由来どころか、もう「コッペパンてどんなパン？」と真顔で聞き返してくる世代がどんどん増えてきた。

そんな、日本人の食生活から姿を消してしまったかに見えるコッペパンを求めて取材開始。まず何らかの手がかりを得るために、と大手のパンメーカーに次々電話を入れたところ、山崎製パン（東京・千代田区）で「先月、発売したばかりです」。キツネにつままれるとはこのこと。

さっそく、その新発売のパンを取り寄せてみると、確かに「Koppe Pan」とビニールの包みにある。中にマーガリンとジャム、オグラ、ピーナツバターを詰めた三種類。いずれも八十円。先月十五日から同社武蔵村山工場（武蔵村山市）で製造を始め、都下、栃木、群馬の全域と茨城、埼玉の一部地域で売り出されたという。

形は昔のゾウリ型よりもスリムだが、同社の結城[illegible]さんはこう語る。

「戦前、ボクが東京の旧制中学生の頃食べたコッペは黒くて、ボロボロとすぐ崩れたもんだ。戦後になって配給の小麦粉で委託加工してつくってもらったコッペも小さくて黒く、二日ぐらい置いとくともう食べられなかった。大きなゾウリ型のグルテン（小麦たんぱく）の多いコッペを見たのは、三十一年頃だったなあ。あの頃、一個十一～十二円ぐらいで、オフィス街でも昼食はコッペに牛乳という会社員が多かったもんです」

この"ニューコッペ"（Koppe Pan）、売れ行きの方も「新製品としては相当よく売れています。昔の郷愁もあるし、サクッという歯ごたえの軽さが若い人たちに受けているようです」と同工場はホクホクだ。

コッペパンは、昭和30年代末まで、庶民の人気者だったが、37～38年頃から次第に菓子パンにとって代わられた。値段は30年頃で1個10円。左下の写真は昭和41年2月に撮影したもので、当時は大体30円になっていた（日本パン工業会提供）。

学校

給食パンでは"シェア10%"堂々の2位

のっけから新発売の「コッペ」には驚かされたが、これはあくまでいまの最新式の製パン機でつくられたニューコッペ。先ほどの結城さんの世代が戦前に食べたというコッペとも、記者の世代が昭和三十年代に学校で脱脂粉乳と一緒に飲み込んだあの"旧コッペ"とも、どことなく違う。もうあの味は、二度と味わえないのだろうか。

と思っていたら、どっこい、いまでも都内の公立小、中学校の給食にコッペは生きていた！　しかも、バターロールやアドウパン、中にはソフトフランスパンなんぞというシャレた名前もある十三種類の給食用パンの中で、食パンに次いで二番目の生産量を誇っているのだ。

「給食パン全体の生産量の中で、コッペパンは昨年度が10・53%、今年度は9・05%。年ごとに減ってはいますが、それでもほぼ一割前後。よくがんばっていますねえ」というのが東京都学校給食会の職員のコメントだ。

別に国が「コッペパンを食べなさい」と奨励しているわけではない。材料の成分もショートニング（油脂）6、砂糖4、脱脂粉乳4と、市販の食パンとほぼ同じ組み合わせで、決して甘くはないが、子供の受けは悪くない。学校の中には自由に給食にクロワッサンを出すところもある時勢にあって、なおコッペの味は現代っ子の舌にも味わい深い"何か"があるのだろうか。

コッペパンづくり（府中刑務所）

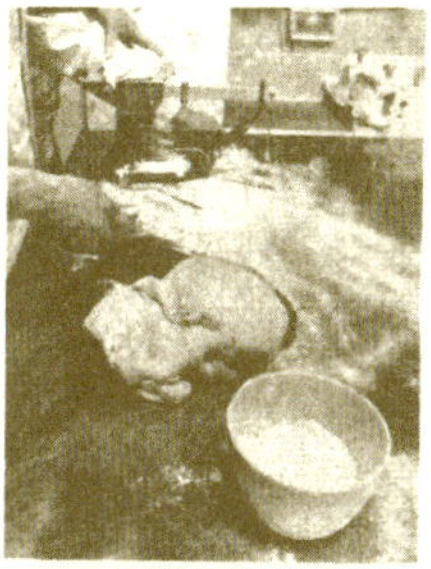

▲小麦粉にイースト、食塩、ぶどう糖などを混ぜてねったものを計量する

▲パン焼き機から出てきたホッカホカのでき上がり

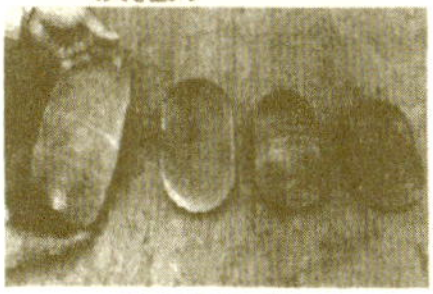

▲働かざるもの食うべからず？　左端の重労働者用の二等食パンから右へ三、四、五等食と大きさが違う

府中刑務所の製パン場。奥の壁ぎわにあるのがパン窯。週四回、二千三百人分のパンを焼く▶

刑務所

週四回分の主食を"自給自足"

とはいっても、学校の給食でコッペが出てくるのは、多い学校で十日に一度ほど。毎日のようにコッペを食べていたお父さんの時代と比べるべくもないが、いまでも週四回、それも夕食の主食としてコッペを食べている人たちがいるというので驚いた。東京・府中刑務所である。

中央監視スタンド[illegible]され、カギのかかった鉄格子を幾つ[illegible]けて進んでいくと、「製パン場」と看板の掲げられた[illegible]。

「ここでつくったコッペは何ともいえないいい味わいで、受刑者にもなかなかの評判です」と市沢[illegible]はいう。

コッペパンを作り始めたのは、戦後まもなくから。いまでは日本で唯一の、パン製造機をもつ刑務所になってしまった。受刑者の製パン係六人が毎週火、木、土、日の四日の夕食用に受刑者二千三百人分の[illegible]を焼き、おかずと汁[illegible]。

[illegible]パンを焼いた経験者は製パン係に一人もいないが、[illegible]なかなか[illegible]慣れたものだ。小麦粉にイースト、食塩、ぶどう糖を混ぜてミキサーにかけたものを、[illegible]生地を計量して労働量別に四種類の大きさに分ける。それを第二発酵室でふくらませて、摂氏二五〇度で焼く。

「木工、土木作業、洗濯作業などの重労働をする一等食なら、コッペとおかずを入れて約二一〇〇カロリー。これはかなり激しい運動をする青年男子と同じくらいのカロリーです」と市沢部長。これでコッペ一個の費用が35円というから、府中刑務所はまだまだ当分、"コッペ離れ"はできそうにない。

とある。この説は、この紙面でしか目にしたことがない。なにかしらご存知の方がいらしたらぜひご一報を。

パンニュースがとらえたコッペパンニュース

パンニュース社訪問記

『パンニュース』は1951(昭和26)年に創刊された、パンの業界紙。5の付く日に発行される。専門紙ならではの深みと面白みが読みどころ。

「コッペパンの実力」という特集が組まれたのは2015年7月25日号。この本でも取材している『吉田パン』『コッペプリュス』の記事も掲載されている。

パンニュース社の社長、矢口和雄さんによると、コッペパンの特集を組むのははじめてだったそうだ。

1945(昭和20)年生まれの矢口さんは、子供の頃の、コッペパンの記憶を話してくれた。

「今、大手といわれる『ヤマザキ製パン』『敷島製パン』『フジパン』みんな販売店を持っていたんですよ。そこではみんなコッペパンをやっていたよね。その場で切って、塗って売ってたからね」

矢口さんのご実家はかつて、そんな販売店を茨城県にて営んでいたのだという。

「お手伝いして、コッペパンを売った経験があるんですよ。当時15円だったかな。コッペパン

10円、塗って5円」

個人の、街場のパン屋さんならではの風景だと思い込んでいたから、そういうコッペの窓口もあったとは知らなかった。

「街の中では『ときわ堂食彩館』みたいにコッペコーナーを残していたところもあるけど、おおむねなくなってきちゃって」

ヤマザキで聞いた歴史の中で、1970年代から80年代半ばまではコッペパンは存在感をなくしていたといういきさつが気になっていた。その話を切り出すと、飄々と矢口さんは言った。

「いろいろなパンがどんどん出てきたからね。ふふふ」

当時は、顧みられなくなった存在だったと。

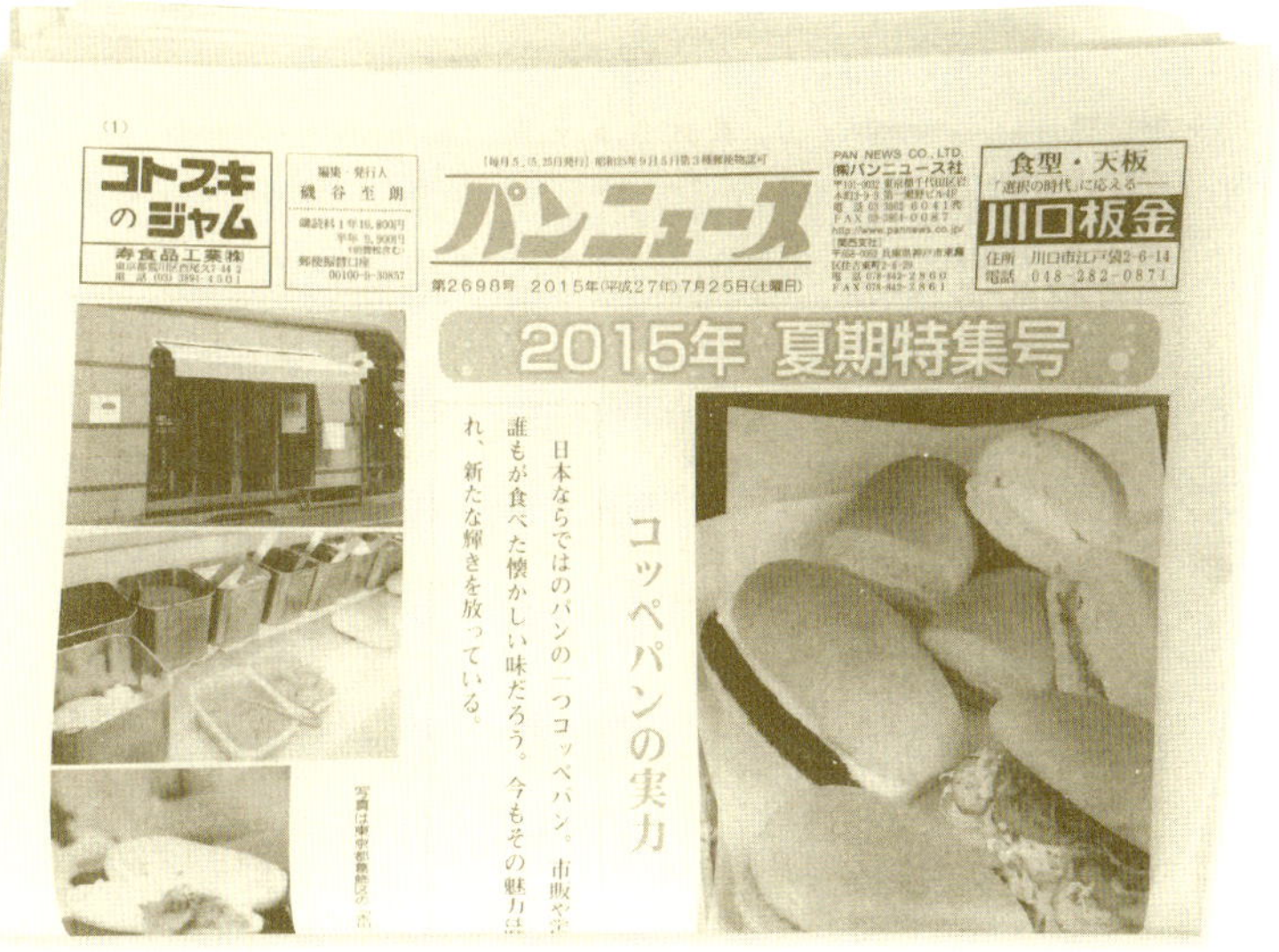
(1)
コトブキのジャム 寿食品工業㈱
パンニュース
PAN NEWS CO., LTD. ㈱パンニュース社
第2698号 2015年(平成27年)7月25日(土曜日)
食型・天板 「選択の時代」に応える── 川口板金
2015年 夏期特集号
コッペパンの実力
日本ならではのパンの一つコッペパン。市販や…
誰もが食べた懐かしい味だろう。今もその魅力は…
れ、新たな輝きを放っている。

「うん。だんだんにね」

　バゲットがかっこよく見えたり、クリスマスケーキではなくシュトーレンが新鮮に思えたり、そんないろいろを経た上で、どうしてまた、このドメスティックなパンの、しかも専門店を開こうという流れが生じたのか、やっぱり不思議ではある。

「時代遅れ、と思ってたのがね」

　それでも、かつては時代遅れだったコッペパンの、人気の上昇ぶりは、揺り戻しなのか、あるいは、あんまり外国に憧れを持たない、という、内向き志向の一種なのかもしれない。

「そこへ結びつけようとはすごいよ。まあ、年配の人には非常に懐かしいパンです。でも、それを言ったら、あんパンとかメロンパンとかも、そうだしね。懐かしいから、とかいうけど、案外、そうでもないのかもね。コッペパンブームは、僕らは専門店ブームの中のひとつとして捉えています。なんでもね、専門店が増えてますもんね」

　種類をいろいろ増やすよりも、これ一本でいく、突き詰めてやる、という姿勢のほうが支持される、ということ？

「どうなのかねえ。旨いような気がするのかねえ」

　ははは、と矢口さんは笑って、そしてこう続けた。

「今回のブームの発端は、やっぱり『福田パン』だよね。そう言い切っちゃうと、いや違う、と言う人もいるかもしれないけれど、ひとつの大きなファクターであることは間違いない。そこからはじまっている、と。みんな、馴染みもあるし、その場で塗るフレッシュ感もあるしね。だいたい、そう高いもんじゃないし」

パンラボ池田浩明さんとコッペ対談

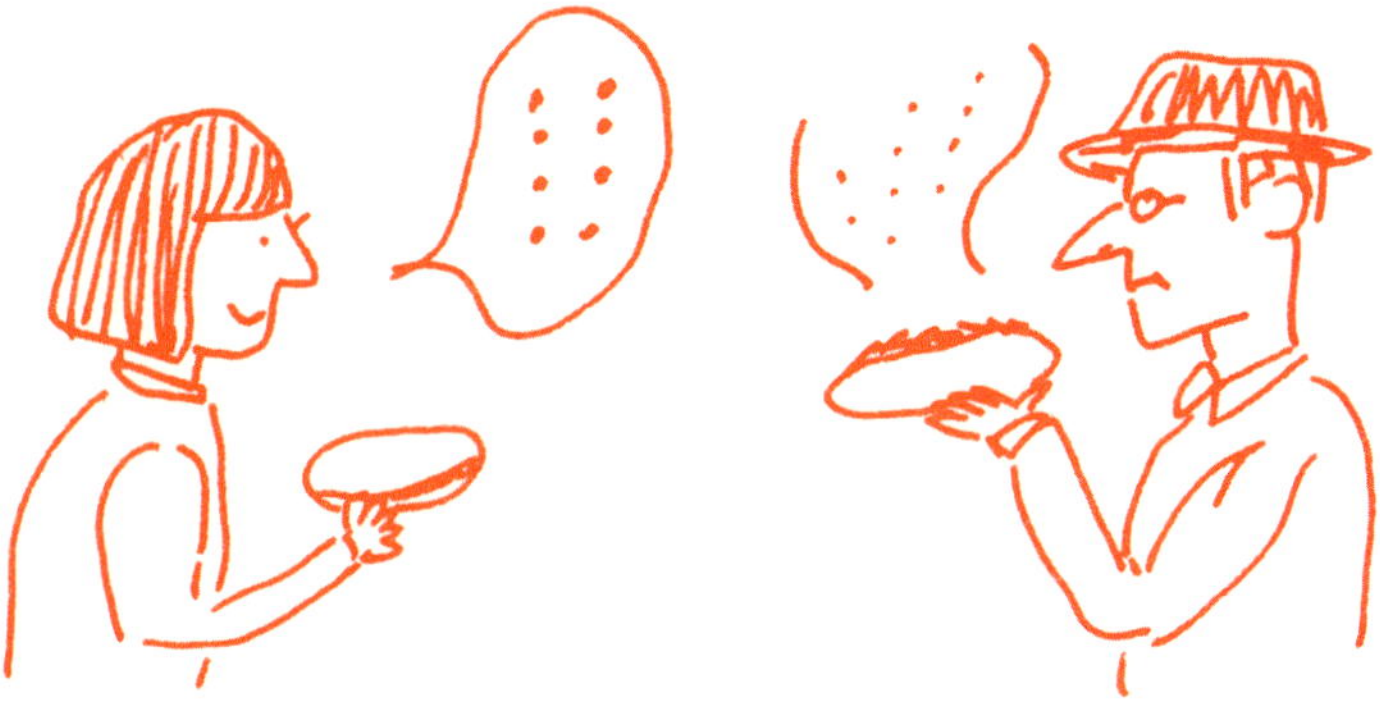

目に見えるおいしさ

木村衣有子（以下、ゆ）　今、コッペパンが注目されているのは、手づくりしているところが見えるというのが鍵なのかなって。

池田浩明（以下、い）　ですね。目の前でね、自分が注文したものをしてくれる、カスタマイズ感。

ゆ　そこと『サブウェイ*』はどう違うんだろうと思ったりして。

い　サブウェイと一緒ですよね。サブウェイもほんとうにカスタマイズ感で成功した例ですよね。現場でパンを作ってますからね。それがすごいすよ。ライブで攻めてる。マクドナルドよりも店舗の数が多いんですよ。サブウェイは。あれを、世界チェーンに落とし込めるのはすごい。

ゆ　サブウェイ、アメリカ発祥らしいですね。

い　やっぱり、アメリカは、あのスタイルがすごく多いんですよ。例えばベーグル屋さん。朝、出勤する前に行って、あれとこれ、とか注文して作ってもらう。いろいろなクリームチーズとか、スプレッドの量も半端なくてもう何十種類もあるんです。その中から選んでいると、テンションが上がる。一緒ですよね、サブウェイと。やっぱりああいう風に、野菜がいっぱい置いてあって。まあ、ライブが好きっていうのは、万国共通とも思いますけどね。

ベーグルとコッペパンの共通点

ゆ　ベーグルの話といえば『サッカロマイセスセレビシエ』で、パンに関してということとはまた別の話で、この人、ええこと言うな、って共感する話はベーグル屋さんが多かったです。ただ、自分自身がベーグルをすごく好きってわけでもないんだけど、話はみんな面白いなと思って。日本にないものだからですかね。

い　へえー。例えばどんなところですか？『マルイチベーグル』*？

ゆ　最初のほうの、無機質なものが好き、っていう女の人の話。

い　マルイチベーグルですね。

ゆ　女の人で、堂々とそう言う人って、少数派な気がして。

い　あー、たしかに。

ゆ　でも、自分も無機質なものが好きなので。あと『ベーグルスタンダード』*の、感動するほどおいしい必要はない、というところとか。ベーグルの人は、そのへんはっきり言うなと。師匠につきっきりで習ったんだよ、というよりも、自分の感覚で、これがベーグルだ、と思うものをがっと持ってくる感じとか。

い　ふうーん。今読んでいただいたところだと、アメリカなのかな、共通点は。例えば、無機質なものをいいとするところとか。あと、コッペパンと共通しているのは、形が全部標準化されていて、一種類で、全部押し通しちゃうという。

ゆ　ああ、そうですね、ベーグルも、丸くておへそがあってというのは同じ。

い　それ、僕はほんとにいいなと思って。パン屋さんって、何十種類も作るので、仕事がたいへんなんですよ。一種類のパンしか作っていなければ、それに集中して、クオリティも上げられるし、効率もいい。注文に合わせてどんどん挟んでペースト塗っていくのは、熟練さんじゃなくてもできるし。生産の調整もできますからね。その場その場なので、余ったりしないですから。今までパンを作ったことのない人でも、一種類だけだったら、短期間でトレーニングできる。

西のまるき、東の藤乃木

ゆ　ベタな質問ですけど、池田さんにとってベストコッペはなんでしょう。

い　コッペ。やっぱり『まるき製パン所』*ですね。食感のくにゅくにゅ感。あごに逆らわない感じ。あれ、素晴らしいですね。で、また、味わいがほんとに素直というか、生理食塩水的な違和感のなさというか。素晴らしいです。よそゆきのパンは、テンションが上がった状態で食べるけど、そうじゃなくて、無防備で噛み付くときのあごの力加減と同じにこう動く。それが、素晴らしいですね。もう「西のまるき、東の藤乃木」ぐらいの偏愛ぶりなんで。

ゆ　でも、まるきは『藤乃木製パン店』とは全然違う食べ応えで。

い　そうですね。藤乃木はこう、ぐいぐい迫ってくる感じなんですよね、北島三郎ばりに。まるきは、ボサノヴァみたいに、呟くように入ってきますからね。

ゆ　藤乃木製パン店、すごくピカピカですよね。中に入ると、パンが光っていて、めっちゃ明るいなって。

い　すごくきれいでしょ。塗り玉もね、ピカピカにまで塗ると、下品だという人もいるんですよ。ベテランの人とか。そもそも、今のパン屋さんって、あんまり塗り玉をしないんです。

ゆ　もっとマットなほうが、今見るパンのイメージとしては一般的？

い　世間は今、そういうほうがいいと。本とかもそう、ピカピカのコート紙じゃなくて、マット紙が多いような気がするんです。マット時代じゃないかと。お洒落なものはマット、と。

コッペパンの境界線

い　コッペパンというテーマで記事を書くので紹介させて下さい、とお店に電話をすると、半分ぐらいのお店は「えっ」って、一瞬間が空いて「ああ、ドッグパンですね」と。こっちからはコッペパンとして見えているんだけど、本人はドッグパンを作っている。コッペパンとドッグパンって、形状からは判別できないんですけど、作り手の意識の問題で、ドッグパン用のパンを作っていると思っている人にとっては、ドッグパンなんですよ。ではそのコッペパンとドッグパンを明確に区別できるのか。ドッグパンだから、甘くないパンなのかなと最初は思ったんですよ。そしたら、あるパン屋さんは、おかずと合わせるパンだから、甘く作ってますって。

ゆ　おかずが塩っぱいから？

い　そうそう。甘塩っぱさを狙えるというのがいいんですよという人もいるし、おかずをはさむパンだから

この対談の後、池田さんと『藤乃木製パン店』を訪ねました（P86 ～ 95）

塩っぱく作ってるっていう人もいるんですよ。だから、定義はないですね。ただ、本人の中で、自分はドッグパンを作っている、っていうところだけ。コッペパンはドッグパンと、けっこう領域が被ってる。懐かしいお店とかの、コッペパンだかドッグパンだか分かんないようなドッグパンは、コッペパンに入れちゃってもいいんじゃないかと。

ゆ いやー。

い あー、それは駄目なんだ。ほんとのコッペパンしか駄目なんすか。

ゆ まあ、今回は、そういう境界線を引こうかなと。

角食から福田パンまで

ゆ 池田さんは、文章書かれるときに意識されてることはありますか。

い 読んだ人に、自分が食べているみたいに思ってもらいたい。だから僕、感動係だと思っていて。あるパン屋さんに「変態披露芸」と言われているんですけど、こんなに旨がって食べている人はいないと思うので、みんなに面白がってもらうとかね。そんなに僕みたいにいろいろ食べられないと思うので、みなさんにそこは伝わったらいいなというだけですね。パンみたいに、一個200円くらいで、アルチザンなものってないと思うんですよ。一個一個手作りで、自分の個性を表現するものって、なかなかない。高いものだったら食えない人もいるけど、みんな食べることができて、あーだこーだ言えるわけですから。僕がパン好きなのは、そういうところ。

ゆ 私は池田さんのようにずっとパンを書いてきたわけではないので、自分のバックグラウンドの説明をすると、ずっと角食が好きだったんです、十数年間。で、どこのパン屋にいっても、角食を買ってた。もしなければ、わりと大きくて、切り分けて3日くらい食べ続けられるパンを買う。どうして角食が好きになったかというと、京都にいたときに『ソワレ』という喫茶店でアルバイトをしていて、そこの賄いが角食のトーストだったんです。自分も当時20代前半で、ウェイトレスのみんなも食べ盛りだから、ものすごい分厚い、トースターに入んないんじゃね？ みたいな、3枚切りくらい、下手したら2枚切りくらいのを食べちゃって。

い ははは。

ゆ でも、トースト、サンドイッチもメニューにあるから、角食が足りなくなると、誰かがおつかいに行ったりね。おつかいに行く場所が『志津屋』*だったんです。カルネの。仕入れ先は志津屋じゃなかったんだけど、足りなくなるとそこに行っていました。当時のソワレでは、地元の、実家暮しの子が多くて。でも、私は友達とルームシェアをしていたので、かわいそうだからというので、サンドイッチに使った角食の耳をもらえたんです。そういえば、耳ではなくて「へた」と呼んでいた。だから角食に愛着があって、その後もずっと、食べていたんですね。

い　山食は食べないんですか？

ゆ　山食は、ぎゅっと詰まっていない感じがあまり。山食の、上に抜けている感じもおいしいんだけど、見た目にもああいう、直線で構成されているほうが好きだったのかな。

　コッペパンをはじめて意識したのは、私の友達が作ってる、盛岡の『てくり』というリトルプレス。はじめて手に取った号がその2号で、そこで『福田パン』の特集が組まれていたんです。で、自分のことをさかのぼれば、給食にコッペパンは出ていたけど、あんまりそこまで強烈に記憶するものではなかったんだけど、これを読んで、ああ、こういう風なパンをみんな思い出に持っていて、ずうっと食べ続けていて、自分が好きなのはこれ、と話したりとか、そういう文化があるんだな、と。それを意識したのは福田パンがはじめてだったんですね。

い　ふうーん。この前、税理士さんと話をしていたら、その人盛岡出身で、高校のときに福田パンは500個は食べたって。購買が福田パンだから、一日ふたつくらい食べるから、絶対500個以上は食べてるって話で。だからね、そういうもんなんですよね。その人曰くね、工場のほうに行かなきゃ駄目だって。工場に併設した売店があるらしいんですよ。そっちに行かないとね、ほんとの福田パンは分かってないと言われました。

ゆ　もぐりだと。

い　福田パンは、ロゴとか、制服とか、狙いではない可愛さ。なにをやっても可愛くなっちゃう。狙ってないのに「ホームラン＊」とかね。わざとらしくなくて、すごくいいですよね。ほんとうの日常なんだろうな、っていうね。僕、そういう、ガチなのがやっぱり好きなんです。

語源とバゲット事情

い　「コッペパン」は「クーペ」が語源だという話がありますよね。

ゆ　日本橋の『たいめいけん』の方が書いた本『洋食や』にコッペが出てきて「コッペ（かつぶし）」って。昭和2年の話だって書いてあるんですよ（と言いながら、その本を開く）。

い　ほんとだ。かつぶし、って言われてたんだ！　すごいな。

ゆ　だから、コッペパンっていう名前が定着したのは戦後のことかなあって。

い　メロンパンもそうなんですよね。メロンパンは、昔は瓜みたいな形だったんですよ。

ゆ　今でも、広島の呉にありますよね。

い　そうですね。メロンは昔はそういう形だったんですよ。

ゆ　マクワウリのこと?

い　そうですね。

ゆ　プリンスメロンじゃなくて。

い　そうです、そうです。だから、形が似てるんでメロンパンになった。今でも、広島のほうに行くと、瓜みたいな形のパン=メロンパン、丸いメロンパン=「サンライズ」なんです。形から名前付けることはよくあるみたいで。例えば、バゲットは棒みたいだから、フランス語で「杖」。だから、それに似てる命名法ですね。かつぶし、ってのは。バゲットは、一回の食事でひとり一本は食わないじゃないですか。僕以外は。

ゆ　ふふふ。

い　家族で切って、分け合って。イメージでいうと三人家族。僕は、フランスにちょっと住んでいたことがあって、金が全くないんだけど、自分でめし作りたくなかった。自分で作っちゃうと、日本人の味になる。せっかく行ってて、日本の味を食いたくないなと思って、なんとかして外食してやろうと。で、学食で食べてたんです。学生証があると、食べられたんです。僕、フランスの語学学校行ってたんで。どっから見てもお前学生じゃないだろみたいなやつが、食べにきていて。ただの金ないやつが。僕がそうだったんですけど。それで、そこで食べていたときのパンが「クーペ」だったんです。バゲットを短縮したバージョン。パーソナルタイプのバゲット。ああいうところって、分け合って食べられないから、だから、こういうところで生み出されたのかなというイメージが湧くんです。日本でも、学食というか、給食で出てくるパンはコッペパンですよね。

ゆ　切り分ける手間がないように?

い　だと思いますよ。やっぱりクーペと同じことかなと思いますよね。かつぶし、といっても、今、にんべんパックを思い出すでしょ。

ゆ　削り節。

い　それで廃れたんじゃないですかね。メロンだったら、けっこうイメージがいい。かつぶしと付けて、定着しなかった。悲しい歴史を背負ってますね。

ゆ　フランスといえば、バゲットよりも柔らかいパンが受けてきている傾向があるって、あれはほんとなんですか。

い　あー、そうだと思いますね。だいたいバゲットも、だんだん色が白くなっているらしいんですよ。

ゆ　それは、焼き色が薄いってことは。

い　皮が柔らかい。人間って、どんどん安きに流れるみたいで、だから、柔らかいものほうへ柔らかいもののほうへ行く。だから、あの堅いパンを好きなフランス人でさえ柔らかいのが好きになっているという。

ゆ　バゲットは、それほど歴史のあるパンではないんですよね。1920年代に夜間労働が禁止されたときの産物、って『パンの世界』という本で読みました。

い　昔はカンパーニュみたいなパンしかなかったので。昔は週に一回くらいしかパンを焼かなかった。村に窯があって、順番に使う。そして一週間かけて食べるんですよ。バゲットはやっぱりパリがだんだん都市になってきたときに生まれたパンです。パリは、街の角々にパン屋があるので。朝起きたら、アパルトマンの階段を下りて買いにいくんです。だから、バゲットは新しいものしかおいしくないんですよね。老化しやすいし、細いんで、水分が抜けやすいし。

ゆ　じゃあ、毎日買いにいくという習慣自体が、バゲットと結びついている？

い　そうです。バゲットは都会人のパンなんです。イーストで、発酵時間も短くなるので、熟成のフレーバーとかがない。だから薄味になるので、皮に偏重していったんですよ、おそらく。カンパーニュは、こう、丸いパンなんで、中身もけっこう食べられるんですけど、バゲットはもう、皮だけ食べるっていう感覚なんです。だからきっと細長くしていると思うんです。

今までとこれから

い　コッペパンは、懐かしさ半分で食べているというか、思い込みの部分がけっこうあるというか。木村さんはコッペパン世代でした？　給食で出てました？

ゆ　出てました。1975年生まれです。でも、あんまり覚えてないです。嫌でもないし、よくもなかった。

い　今はあんまり出ないらしいですね。お米を食べるんですよね。

ゆ　自分のときも、食パンのほうが多かったです。

い　あ、そうですか！

ゆ　食パンと、マーガリン。袋に入っているジャム。

い　黒人の絵が描いてありましたか。

ゆ　そこまでは、覚えていない。

い　あはは。僕のときは、もう、コッペパンどっぷりの世代でした。僕は1970年生まれです。あのアメリカの洗脳はすごいですよね。給食で、パンで洗脳していくという。食糧がなかったので、小麦を援助してくれた狙いが、消費地になるから。ここでパンを与えて、手なずければいいんじゃないかということだと思います。

僕もね、戦いがあって。悪魔の子供なんだけど、正義で戦っている、デビルマンみたいな。アメリカが悪魔というと語弊があるかもしれないですけど。僕がこんなにパンが好きなのは、アメリカから産み落とされた子供だから、アメリカの味覚になったんだけど、日本人としての自分のパンを取り返そうとして、今「新麦コレクション」という活動をしている気がします。2020年、オリンピックの年に、47都道府県でその土地の小麦を使ったご当地パンができるようにするというビジョンでやっているんです。コッペパンはみんなに愛されるパンだと思うので、地元の小麦を使うコッペパンが、これから生まれてきてほしいし、生まれてくると思っています。

2016年3月に収録

＊『SUBWAY《サブウェイ》』
1965年、アメリカのコネチカット州でフレッド・デルーカ少年が、サブマリンサンドイッチの店を開業したのがはじまり。110か国に展開され、44000店を超える。日本にはおよそ400店がある（2016年現在）。ちなみに日本での一号店は赤坂見附に1992年オープンした。

＊『マルイチベーグル』
港区白金1-15-22

＊『ベーグルスタンダード』
目黒区中目黒2-8-19　宮島ビル1階
03-5721-2012

＊『まるき製パン所』
1947（昭和22）年創業。トングもトレイもなく、棚に並んだパンを、これとこれ、と指して注文する昔ながらのスタイル。
京都市下京区松原通堀川西入ル　北門前町740
075-821-9683

＊『志津屋』
1948（昭和23）年創業。看板商品の「カルネ」は丸くて歯ごたえのあるパンをふたつに割ってマーガリンを塗り、玉葱スライスとハムを挟んだシンプルなサンドイッチ。店名は創業者の妻の名「志津子」に由来する。京都市内を中心に二十数店がある。
本店　京都市右京区山ノ内五反田町10
075-803-2550

＊狙ってないのに「ホームラン」
福田パンで使われている小麦粉は「ホームラン」という銘柄であることから。袋にえがかれている、かっ飛ばしたバッターの姿もすがすがしい。

ぱんとたまねぎの九州コッペ探し

木村さんの助っ人として、九州のコッペ事情をルポします。北九州生まれ、福岡在住なので福岡県のお話が多いですが、いろんな人に話を聞きながら、できる限り他県のコッペもご紹介します。木村さんは「ドッグパンとコッペパンは別モノと解釈する派」だそうですが、九州編ではちょこっとご紹介しまーす ころ

コッペパンかぁ
1
コッペパンといえば給食で食べてた印象
2
ふかふかした枕のようなパンだった
うえはこんがり焼けてた
3
どうやって食べていただろう
たぶん…
4
給食のサラダっぽいおかずを
塩もみやさい
5
一緒にはさんで食べていた気がする
あーん
6
サンドするとそのままおかずを食べるより
おいしく感じた
うまい
7
ということで給食コッペの思い出をまわりの人にもインタビュー
ねぇねぇ
8

給食のコッペ
給食のコッペパンの思い出。おいしかった、大好きだったっていう人はあんまりいない。中にぬるジャムやマーガリン、スプレッドが味を変化させる肝のようで、地域や世代によって異なるが、コッペパンは週に2・3回出ていたところが多い。
そういえば
ジャムのパッケージがレトロでかわいかったなー。
福岡では、揚げたコッペパンを食べた記憶がある人は少なかった。
ホカホカ
コッペパン出た記憶がない。食パンが2枚はよく出てたけど
60代
マーガリンぬって食べてた
30代
いちごジャムとマーガリンがいっしょになったのをつけてた
30代
ココマリンというチョコレートクリームのスプレッドがでるとテンションがあがりました。しかし1袋では足りず…
40代
きらいだったけどパン工場へ見学に行って、パンの中に牛乳やさとう、たまごが入ってると知って好きになりました
40代
ふつうのプレーンに加えて、黒糖味やレーズンのコッペがあったよね
30代
レーズンコッペが苦手で、レーズンをひとつずつ外して食べていたなー
30代
コッペつながりで…
ちなみに
『コッペリア』という学校売店のパン屋さんもある。屋号の由来は同名のバレエ作品からきているそうで、コッペパンの「コッペ」ではないそう。
コッペパンを、手で小さく丸めて丸のみにして、つまらせている男子がいた
危険!
30代

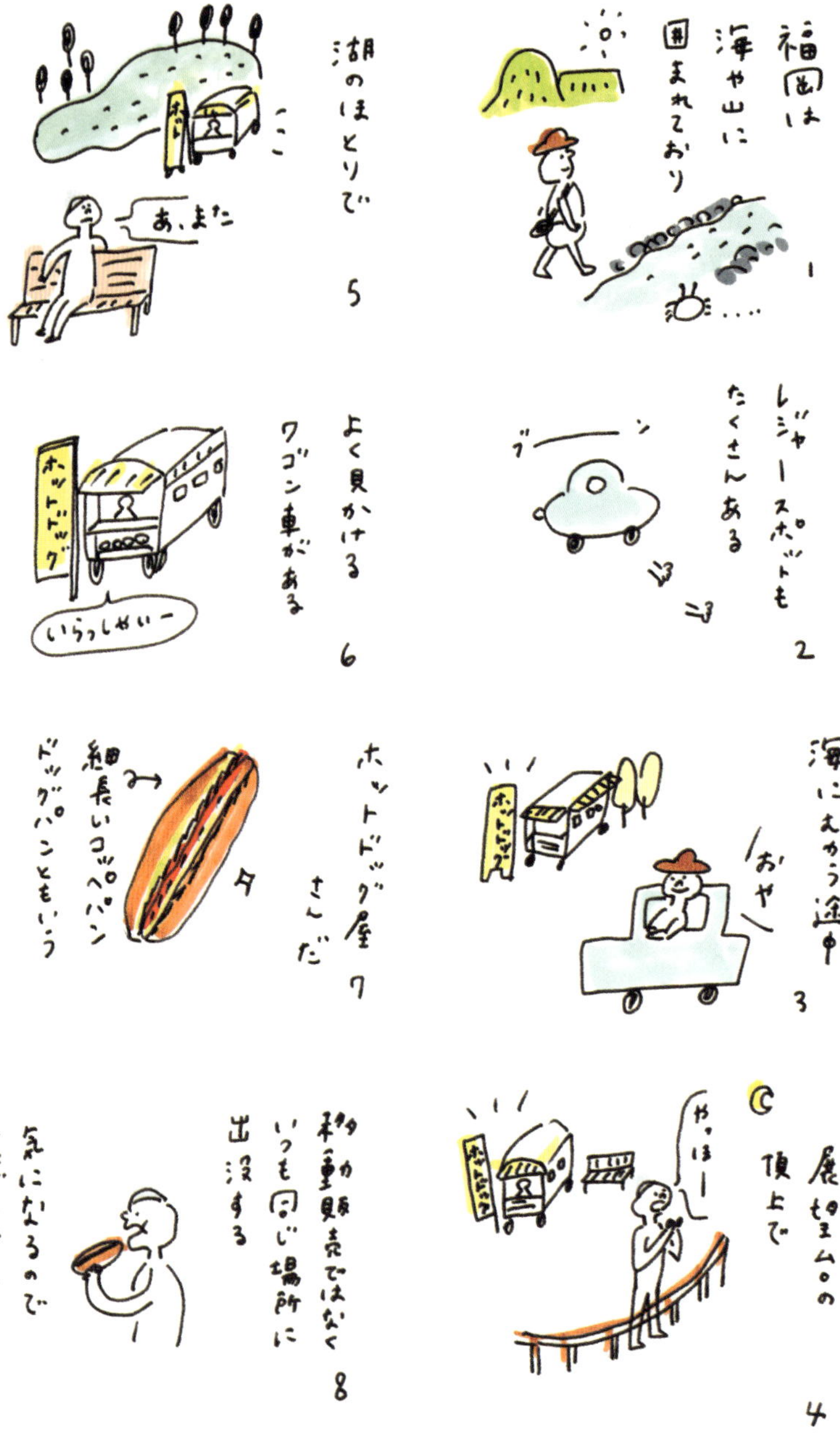

福岡は
海や山に
囲まれており
1
レジャースポットも
たくさんある
ブーン
2
海にむかう途中
おや
ホットドッグ
3
展望台の
頂上で
やっほー
4
湖のほとりで
ここ
あ、また
5
よく見かける
ワゴン車がある
ホットドッグ
いらっしゃいー
6
ホットドッグ屋さんだ
7
細長いコッペパン
ドッグパンともいう
移動販売ではなく
いつも同じ場所に
出没する
8
気になるので
食べてみた

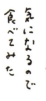

観光地のコッペ
片江展望台
夜景スポット
ホットドッグ
キャベツ
ケチャップ
切れこみの入ったウインナー
一杯立てコーヒーとセットで食べる人が多い。
ホットドッグ
志賀島
しかのしま
コールスローサラダ
牛肉ステーキ
イカフライ
九州のベーカリーリョーユーパンのコッペ
オーロラソース
金印ドッグ
金印で有名な
じゅわっとしたステーキ
サクッとしたイカフライ。
のコントラストがよい。
味はこってりなのでコッペパンはそれを支えるのに必死な感じがする。
ステーキを金印にみたてているそう。
こちらはワゴンではなく屋台の形をしている
レストラン
金印ドッグ
大濠公園
福岡人憩いの場
ホットドッグ
キャベツ上品な量
少し甘めのコッペ
ウインナー
ケチャップ（ウスターソースにちかい味）
湖もある大きな公園のホットドッグ。公園内に3店舗みかけた。
安定感のあるスタンダードドッグ。
西公園
桜の時期はにぎわう
ハンバーガー
ケチャップ
ハンバーグ
もりもりいためキャベツ
唐人ベーカリーのコッペ
中にハンバーグがはさんでいるものが人気。ハンバーグはうす味でふわふわ。おじいさんがテキパキと作る姿が印象的。
ちょっとまってなー
ファンシーな車
宮崎の平和台公園にも…
ケチャップ
ホットドッグ
昔ながらのハム
コールスローサラダがもりもり
ウインナーは入っていないヘルシーなホットドッグ

まだまだコッペ探し

久留米

キムラヤ

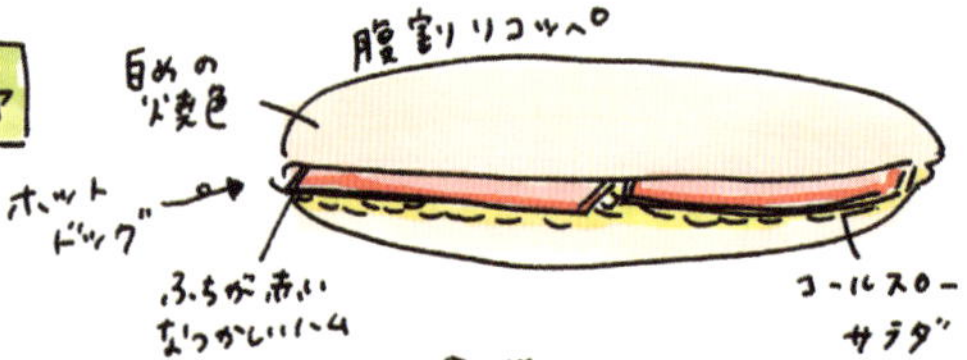

創業者が、アメリカの「ホットドッグ」を「暑がる犬」と勘ちがいして訳し考案したパン。犬が舌を出しているような外見。

さっぱりした味でなつかしく、かわいらしいパッケージも人気。福岡空港でも売っているので、旅立ちの前にたまに食べる。

福岡

うーぱんベーカリー

ふんわりではなくしっとり、ひきのある生地。

おかあさんがにぎる"おむすび"のようなコッペパンを目指しているそう。シンプルだけど、とてもおいしい進化形コッペパン。注文してから、はちみつバターなどつめてくれる。

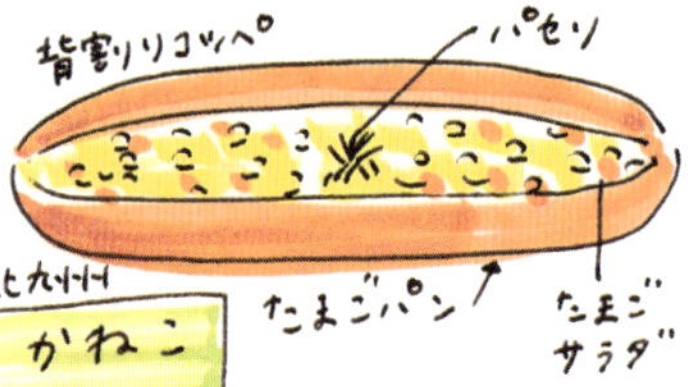

北九州

かねこパン

やわらかくて、細長いコッペパンに、甘めのたまごサラダをはさんでいる。ラップにピッチリ包まれている姿がほほえましい。パンももちろん好きだが、厨房がピカピカでさらに好感度がアップ。

北九州

ドンバル堂

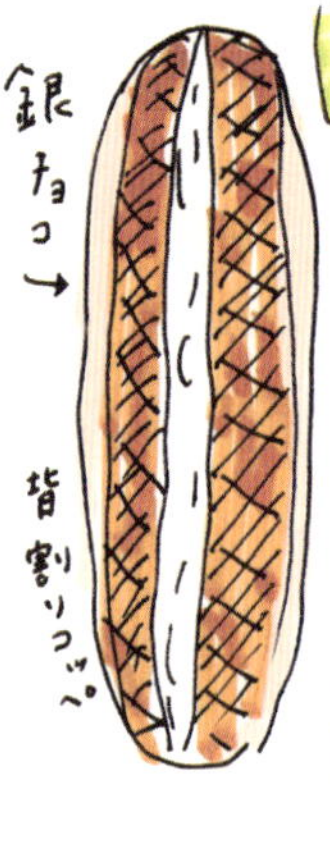

全国でみかける銀チョコだけど実は、福岡・北九州のドンバル堂が発祥とされている。銀紙に包まれていたことから「銀チョコ」。ホワイトクリームをはさみチョコをコーティングした菓子パン。学生時代よく食べてた。

福岡

ココッペ

2016年オープン

給食パンで有名な
唐人ベーカリーが手がける
コッペパン専門店。
カスタードをサンドした「金チョコ」
チョコカスタードをサンドした「銀チョコ」
なんていうコッペパンもある。

金のアルミホイル　銀のアルミホイル

← 関西風

厚焼たまごをはさんだ
コッペパン インパクト(大)

宮崎

ミカエル堂

1926年創業

腹割りコッペ　ジャリパン

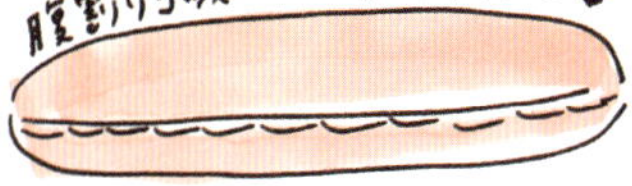

バタークリームとさとうをまぜた
ものがサンドされている。
ほおばると「ジャリジャリ」

発売当初は
「バタークリームパン」という名前
だったが、お客さんの間で
「ジャリパン」という愛称になり
ついには正式名称まで
変えてしまった。味は6種類。

おまけ

コッペパンは
いずこ…

コッペパンが
ありそうでなかった
老舗のお店
フォルムがコッペパン
あつめてみた

大分

友永パン屋

1916年創業

↑味つけパン

絶妙な弾力で
絹のような口溶け
大分に行ったら
必ず立ちよるお店。
入店後、番号札を
とって順番を待ち
注文するシステム。
人気店なのでパンが
ほかほかやわらかい。
外観もレトロで
すごく良い。→

北九州

シロヤ

1950年創業

サニーパン↑

フランスパン生地に
練乳をはさんだパン

私の故郷、北九州
を代表するベーカリー
通常のパンの半分くらいの
サイズで手のひらに
おさまる大きさ。
練乳がじゅわりと
パンにしみこんでいる。
ショーケースにコロコロと
パンが並ぶ姿もざっく
ばらんで良い。

まとめ

「九州」というより、今住んでいる「福岡」のコッペ話が多くなってしまった。
コッペパンって、そのままパクリと食べるのではなく、なにかしらの素材をはさんだり、スプレッドやペーストをぬったりして楽しむパンなのだと思った。バゲットの形をした食パンみたい。
そして、コッペパンってどこのパン屋さんにもありそうで、実は少ない。コッペパンの専門店は増えているようだけれど…。
日本ならではのパン
「コッペパン」
もっと楽しめる場が
増えたらいいなー。

パンとコッペパンの年表

パンニュース社を訪れた際「昭和中期までのパンの歴史といえばこれ」と太鼓判を押された『パンの明治百年史』は850ページの超大作。明治百年を記念して1970（昭和45）年に刊行されました。この年表は、この本を柱にしながら他の参考文献もめくりつつまとめたものです。

ちなみに『パンの明治百年史』は、パン食普及協議会のサイト「パンのはなし」からダウンロードして読むことができます。よろしければぜひご一読を。

※〈〉=『パンの明治百年史』より引用

●1842（天保13）年

異国船打払令を撤廃。

伊豆韮山代官の江川太郎左衛門英龍が、軍隊の携行食として兵糧パンを試作する。その後、各藩で兵糧パンの製造がはじまる。

●1853（嘉永6）年

黒船、神奈川・浦賀沖に到着。

●1864（元治元）年

横浜に、英国人ロバート・クラークが、日本で最初のパン屋『ヨコハマベーカリー（現・『ウチキパン』）』開業。同じ横浜のビール醸造所『スプリング・バレー・ブルワリー（現・『キリンビール』）』からホップを分けてもらい、それを発酵種にしてパンを製造。

当時と同じくホップを発酵種としたイギリスパン「イングランド」は今でもウチキパンの看板パンだ。

●明治時代

江戸末期は〈横浜のパンの主流となつたのが、ぢかやきの鰹節《かつおぶし》型フランスパン〉だったと『パンの明治百年史』にはある。しかし明治に入ると〈フランスパンにかわつてイギリスの型焼パンがめざましい進出をみせる。（中略）在留外人の大部分はフランス人でなくて、イギリス人であつた。そして当時のイギリスは世界最大の強国であつた。従つてそのイギリス人が好むイギリス式のパンを愛用することは、当時の文明開化人、即ちハイカラ連のほこりでもあつた〉と状況が変わってくる。「ぢかやき」とは型に入れずに焼くこと。このパンは『パンの明治百年史』の後の項で〈フランス式の小型の鰹節パン〉、そして〈クッペ〉として登場する。

●1874年（明治7）年

銀座『木村屋』が、酒饅頭にヒントを得て、酒種で生地を発酵させ、小豆あんをくるんだあんパンを発売。当時は、白胡麻を載せたこしあん、ケシの実を散らした粒あんの二種類からはじまった。

●1890（明治23）年

米騒動をきっかけに、パンを食べる習慣が広まりはじめる。

〈味噌や醤油のつけやきパンは、この米そうどうが動機となつて工夫された、日本独特のパン食様式である〉

つけやきパンとは〈パンを切つて醤油または味噌のつけやきをし、

あるいはきなこをつけて一切れ五厘〉というものだったそう。お餅みたいな食べかただなあ。

1901（明治34）年

『中村屋（現・新宿中村屋）』がクリームパンを発売。当時は本郷に店を構えていた。

1904（明治37）年

日露戦争勃発。

東京の多くの菓子店が軍用ビスケットを製造。

大阪で『水谷パン（後の『マルキ号パン』）』創業。「マルキ」という後の屋号は、『木村屋総本店』に因んだものだという。

1915（大正4）年

明治から大正にかけて、菓子パン、甘いパンは酒種で、食パンなど甘くないパンはホップ種を使ってふっくらふくらませるのが主流だった。そんな中『丸十パン』の田辺玄平が、酒種でもホップ種でもない「国産乾燥酵母」を使ってパンの製造をはじめる。彼が発明した酵母は〈イーストにとうもろこしの粉をまぶした乾燥だね〉で「玄平種」と呼ばれていたそうだ。

ちなみに、発酵はイーストの働きによるものということを発見したのはフランスのパスツールで、1859年のことだった。

〈この玄平だねでつくる食パンには砂糖やラードを用いたが、この方法は玄平が米国で体得したもので、それ以前の日本の食パンはヨーロッパ流の塩味パンであった。この大正時代から日本のパンが米国式にかわったのは田辺玄平の指導に負うところが多い〉

丸十とは山梨の田辺家の家紋である。

1916（大正5）年

名古屋・若宮神社の傍にあった喫茶店『満つ葉』の女将が、学生がぜんざいにパンをつけて食べているところから「小倉トースト」を発案。パンとあんことバター（あるいはマーガリン）の出合い、ここにはじまる。

1918（大正7）年

広島・三原『オギロパン』創業

1919（大正8）年

岡山『岡山木村屋』創業

『マルキ号パン』の水谷政次郎は、パンのための小麦粉を栽培すべく、北海道で農場経営をはじめる。

●1922（大正11）年

名古屋で、『金城軒（現『フジパン』）』創業

●1923（大正12）年

関東大震災。

『マルキ号パン』の水谷政次郎、渡米。

〈シカゴでは全米製パン業者大会に出席して、ひとつの椿事がもちあがった。席上米人側の質疑にこたえていわく、「日本では古来のホップダネで製パンし、生地作りに8、9時間を要し、窯入れまでは10時間もかかる」と日本の現状を報告した。おどろいたのは外人側で「日本はそれでも文明国か？」と揶揄された〉

●1927（昭和2）年

『マルキ号パン』の水谷政次郎が〈日本独特のイースト製法特許を取得〉し、京都・宇治に「マルキイースト菌研究所」を設立する。

この頃のパン事情を読む

日本橋『たいめいけん』の創業者、茂出木心護さんが修業時代にお使いにやらされた「虎の門の宇治パン店」の情景をえがいたエッセイより。

「あんパンを売っていないパンやははじめてでした。小さいガラスのケースにフランスパン、コッペ（かつぶし）、食パン（角パン）しかありません」

「瓦ぶきのどっしりした二階建て。一階のひさしの所の木製のぶ厚い看板に『BAKER・宇治』と彫ってありますが、あんパンもクリームパンもキャラメルもチョコレートも並んでいません。台の上の小さいショーケースに、フランスパンとかつぶし（コッペパンに似ていてだしに使うかつお節のような格好をしていた）五、六個あるだけで、街のパンやさんとは全然違います。（中略）昭和二年頃のことです」

（『洋食や』茂出木心護　中公文庫　1980）

これまでに見知っていた、菓子パンが並ぶ店とは違って「外国人が主に買いに来る」店だった、とある。茂出木さんは1911（明治44）年生まれ、1927（昭和2）年からの数年間、南佐久間町（現・新橋）にあった洋食店『泰明軒本店』に奉公していた。『宇治ベーカリー』から木綿製の小麦粉袋をもらってきてほどいて洗い、

布巾として使ったエピソードなどもエッセイの中に記されている。『パンの明治百年史』によれば『宇治ベーカリー』の創業は1872年（明治5）年で〈南蛮伝来の洋式パン〉を焼く、とある。

●1941（昭和16）年
太平洋戦争開戦。

●1942（昭和17）年
『マルキ号パン』が食糧営団に統合される。その後、戦災のため廃業。

●1945（昭和20）年
8月、ポツダム宣言受諾、敗戦。

●1946（昭和21）年
〈2月21日にGHQから芝浦在庫の小麦粉二百万ポンドを日本側に引渡す旨の指令が出た。正に早天の慈雨であったが、これは早速まっ白なコツペパンに加工されて、都民一人当り二個ずつ配給された。これがキツカケとなつて、やがて終戦後のパン食はんらん時代がきたのである〉

なぜコッペパンをこしらえたかについては、角食と比べて焼き上がるまでの時間が短く、燃料が節約できたからという説がある。

●1948（昭和23）年
岩手・盛岡『福田パン』創業
千葉・市川『山崎製パン』創業

●1950（昭和25）年
菓子・あめ類の価格統制撤廃。

8大都市（東京、横浜、名古屋、京都、大阪、神戸、広島、福岡）の小学校で、アメリカ寄贈の小麦粉により、パン、ミルク、おかずの完全給食が開始された。翌年2月には全国の市部に拡大。

●1951（昭和26）年
滋賀・木之本『つるやパン』創業
『パンニュース』創刊

●1954（昭和29）年
東京・足立『ときわ堂食彩館』創業
学校給食法が成立、公布される。

●1958（昭和33）年
東京・中村橋『藤乃木製パン店』創業
兵庫・神戸『ヒシヤ食品』創業

この頃のパン事情を読む

「駄菓子屋のおばさんに別途にお金を払い、大きなコッペパンを横切り二つにして（ホットドッグのように）、その間にジャム（寒天でつくってあるのですぐ溶けた）やバター（といってもマーガリンのこと）、ピーナッツバター、あんこなどを木のヘラで塗ってもらった。あんこが一番値段が高かった。その駄菓子屋の店番は、女主人、おばあちゃん、娘の三人が交代でつとめていた。女主人は一度たっぷり塗ったジャムをヘラでわざわざそぎ落とすケチな塗り方だったが、おばあちゃんや娘が塗ってくれるとパンの間からジャムがこぼれてくるほどのサービスぶりになる」

（『駄菓子屋図鑑』奥成達・ながたはるみ　ちくま文庫　2003）

このエッセイを書いた奥成達さんは1942年生まれなので、おそらく1950年代前半の駄菓子屋の風景だろうと思われる。

●1964（昭和39）年
東海道新幹線開通。
東京オリンピック開催。

●1967（昭和42）年
『広島アンデルセン』がパンのセルフサービス販売をはじめる。

●1971（昭和46）年
マクドナルド日本一号店、銀座三越にオープン。ハンバーガー80円。

●1976（昭和51）年
学校給食に米飯が取り入れられる。

●2013年
東京・亀有『吉田パン』創業

●2014年
東京・上野『イアコッペ』開店

●2015年
京都『プチメック・オマケ』開店
大阪・高槻『ゆうきパン』創業
兵庫・神戸『コッペプリュス』開店

参考文献

『サンドイッチの歴史』ビー・ウィルソン　月谷真紀・訳　原書房　2015
『駄菓子屋図鑑』奥成達・ながたはるみ　ちくま文庫　2003
『天ぷらにソースをかけますか？　ニッポン食文化の境界線』野瀬泰申　新潮文庫　2009
『名古屋の喫茶店』大竹敏之　リベラル社　2010
『パン語辞典』ぱんとたまねぎ　誠文堂新光社　2013
『パンと昭和』昭和のくらし博物館　第13回企画展図録　2016
『パンの世界　基本から最前線まで』志賀勝栄　講談社選書メチエ　2014
『パンの明治百年史』パンの明治百年史刊行会　1970
『マチボン　横浜のパン屋』SPCパブリッシング　2016
『メロンパンの真実』東嶋和子　講談社文庫　2007
『洋食や』茂出木心護　中公文庫　1980
CDジャーナルムック『カセットテープ時代』音楽出版社　2016
『サライ』1996年7月4日号　小学館
『てくり』2号　まちの編集室　2005

ウェブサイト

アンデルセングループ　あゆみ　http://www.andersen-group.jp/history/
えんがるストーリー　水谷政次郎　http://story.engaru.jp/
パン食普及協議会のサイト　パンのはなし　http://www.panstory.jp/index.html

マップ＆データ

本書で登場するお店情報です。開店時間や定休日は変わることがあるので、あらかじめネットなどでもご確認下さい。

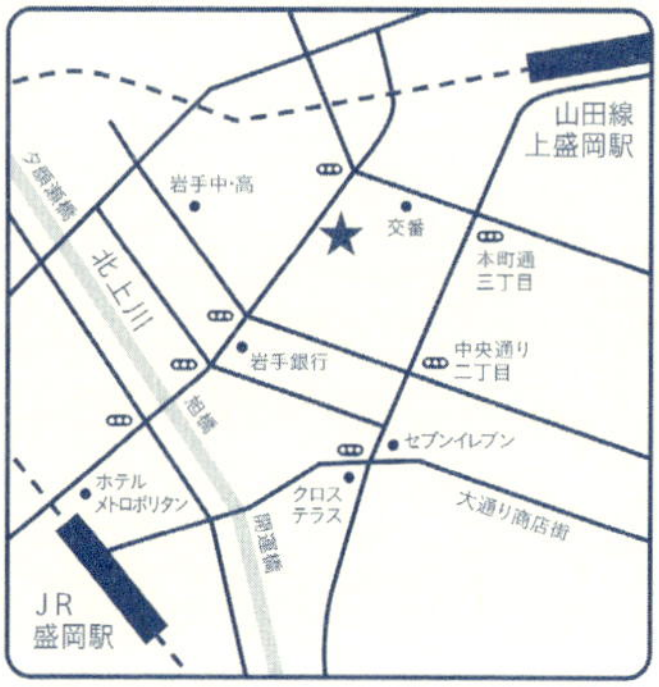

福田パン

長田町本店
岩手県盛岡市長田町12-11
☎ 019-622-5896
営業時間　7:00〜17:00（※売切れ次第終了）
定休日　　お盆、年末年始

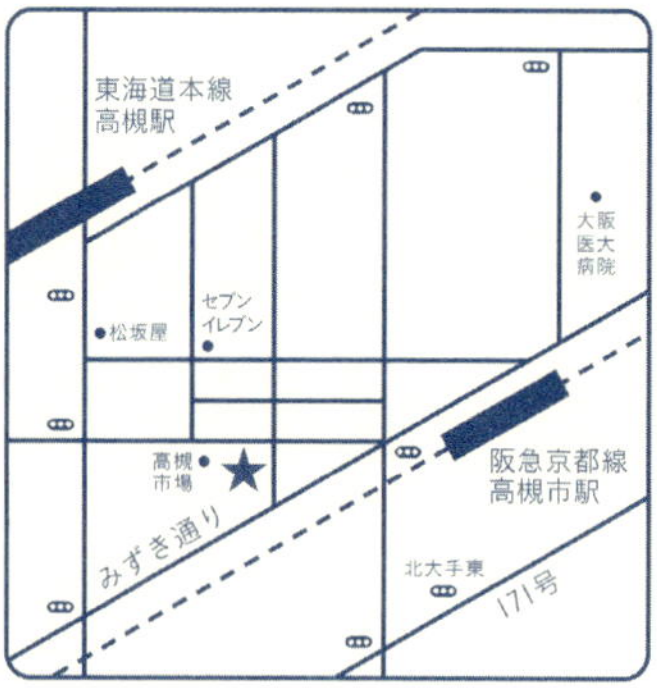

ゆうきぱん

大阪府高槻市高槻町18-9
☎ 072-668-2027
営業時間　7:30〜（※売切れ次第終了）
定休日　　不定休

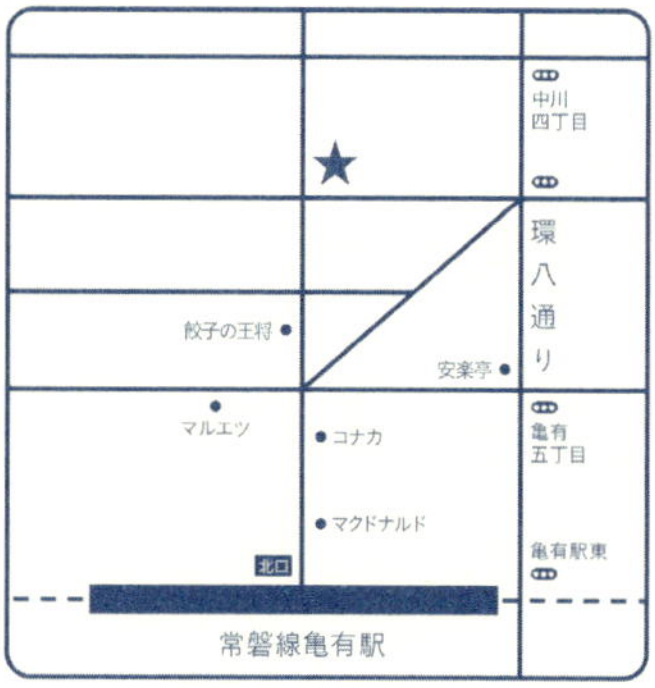

吉田パン

亀有本店
東京都葛飾区亀有5-40-1
☎ 03-5613-1180
営業時間　月曜日 7:30〜13:00
　　　　　火〜日曜日 7:30〜17:30
　　　　　（※売切れ次第終了）
定休日　　不定休

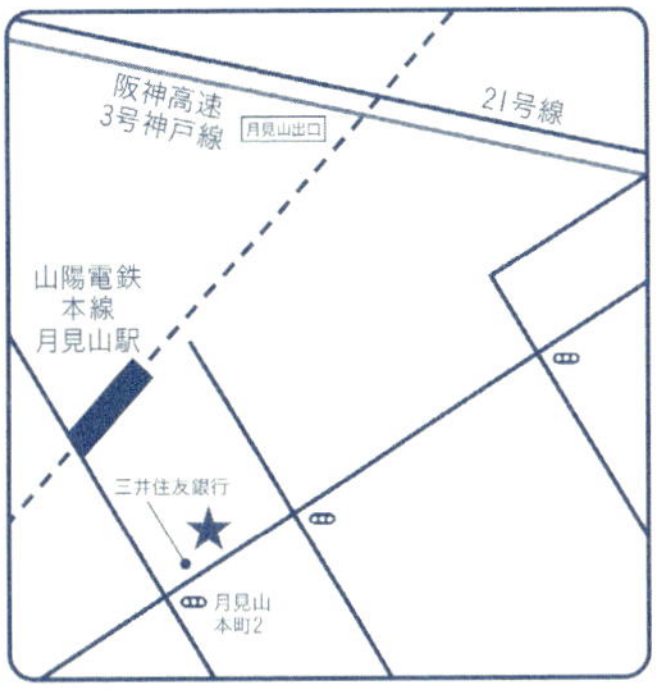

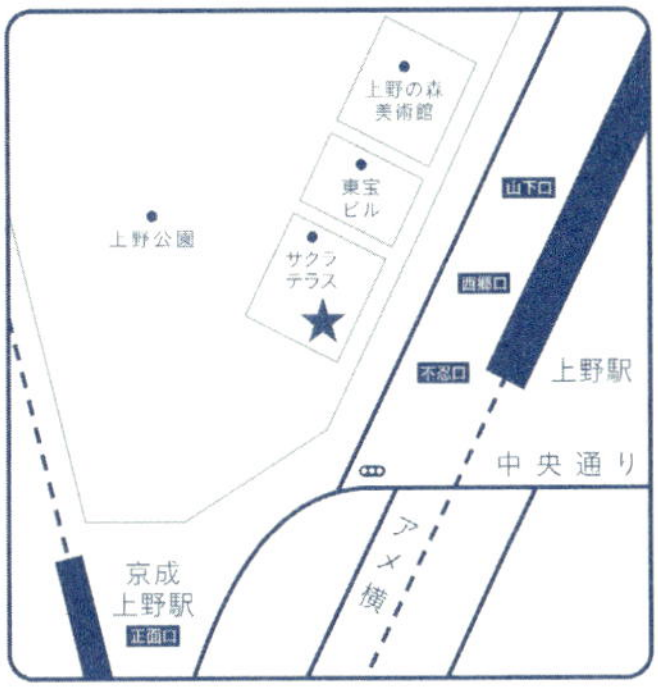

coppee+

兵庫県神戸市須磨区月見山本町2-1-6
☎ 078-732-1150
営業時間　9:00〜（※売切れ次第終了）
定休日　日曜日

iacoupé

東京都台東区上野公園1-54
上野の森さくらテラス 3F
☎ 03-5812-4880
営業時間　10:00〜20:00
定休日　日曜日

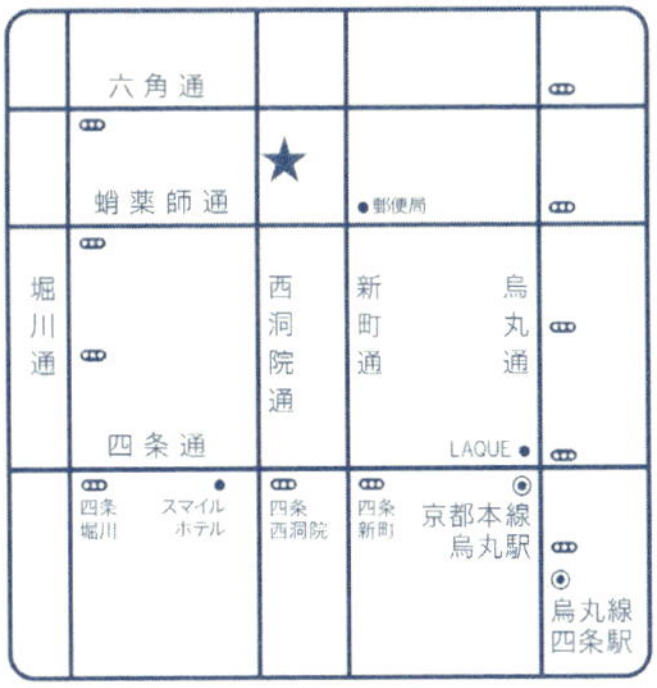

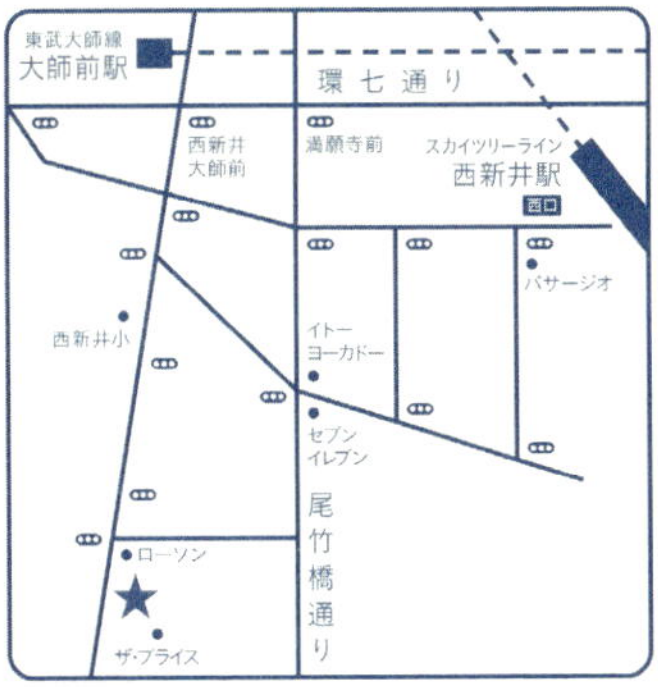

Le petit mec OMAKE

京都府京都市中京区池須町418-1
キョーワビル 1F
☎ 075-255-1187
営業時間　9:00〜19:00
定休日　不定休

ときわ堂彩食館

東京都足立区興野1-11-8
☎ 03-3848-2255
営業時間　8:00〜19:00
定休日　水曜日、第三木曜日

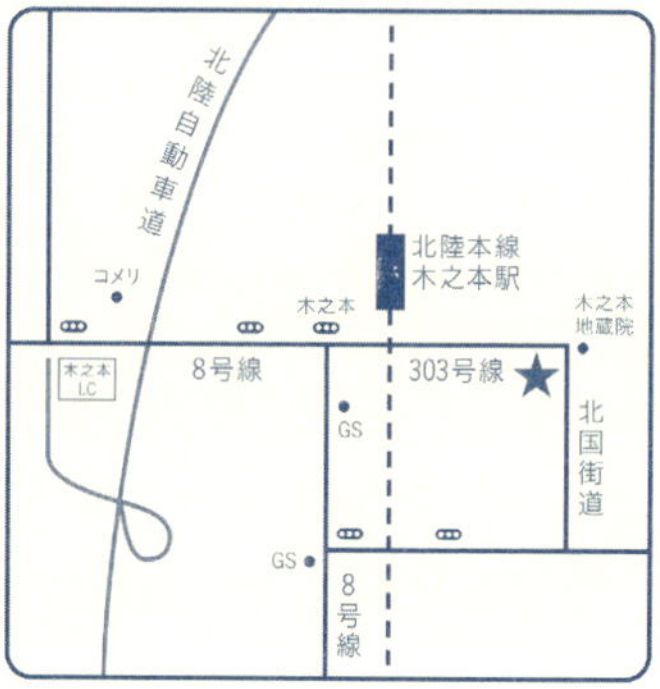

つるやパン

本店
滋賀県長浜市木之本町木之本1105
☎ 0749-82-3162
営業時間　月～土曜日 8:00～19:00
　　　　　日・祝 9:00～17:00
定休日　　不定休

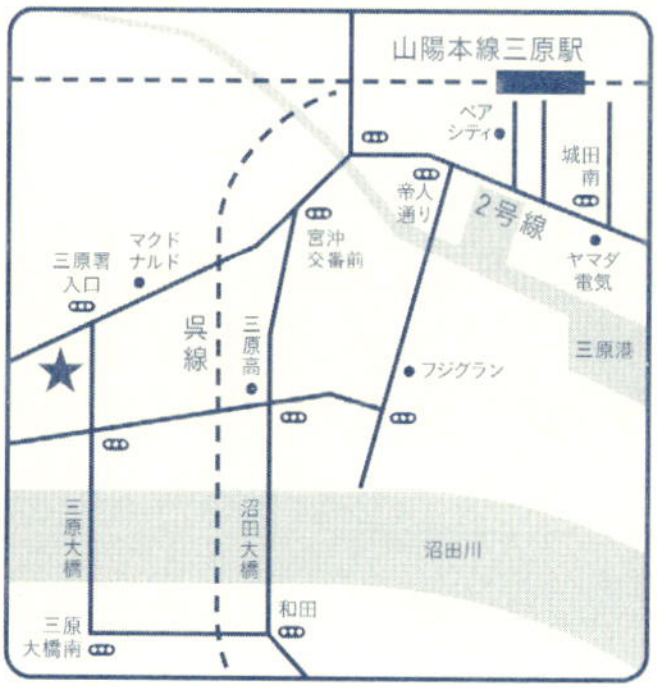

オギロパン

本店
広島県三原市皆実3-1-32
☎ 0848-62-2383
営業時間　7:00～19:00
定休日　　日曜日、祝日

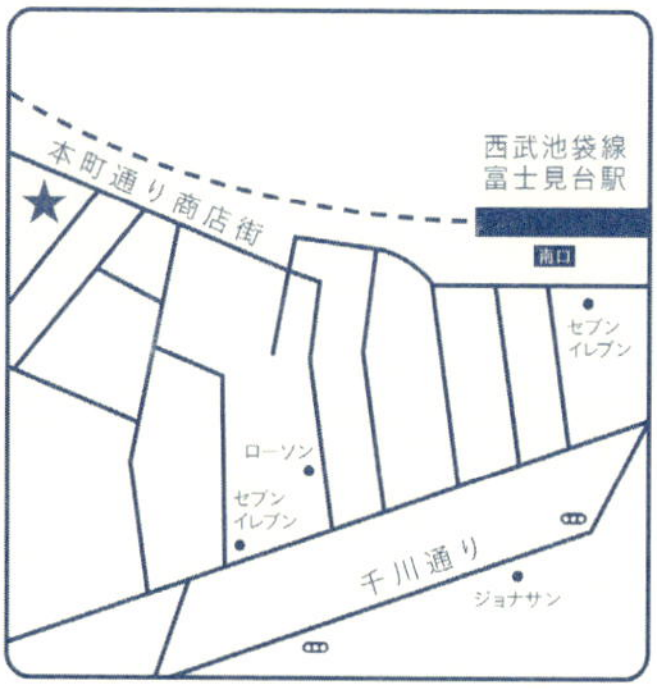

藤乃木製パン店

富士見台店
東京都練馬区富士見台2丁目19-19
☎ 03-3998-4084
営業時間　9:00～20:00
定休日　　火曜日
　　　　　第1、第3月曜日

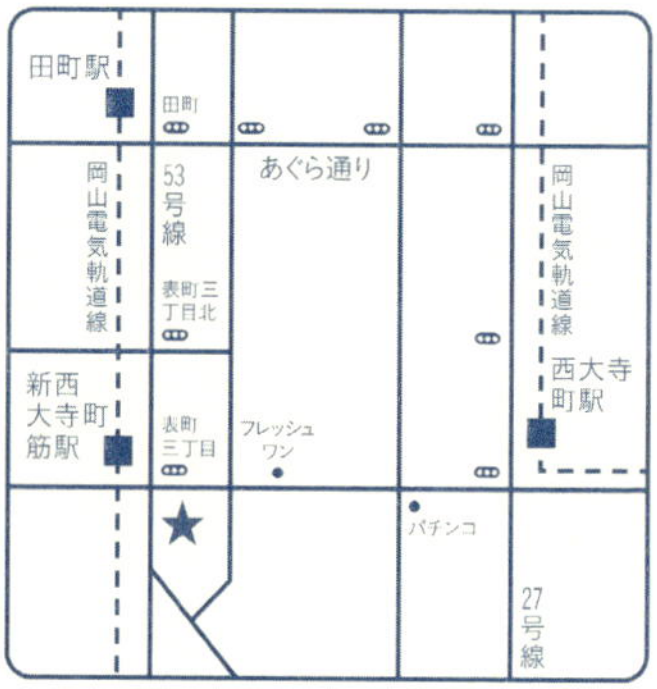

岡山木村屋

倉敷工場売店
倉敷市中庄2261-2
☎ 086-462-6122
営業時間　24h
定休日　　年中無休

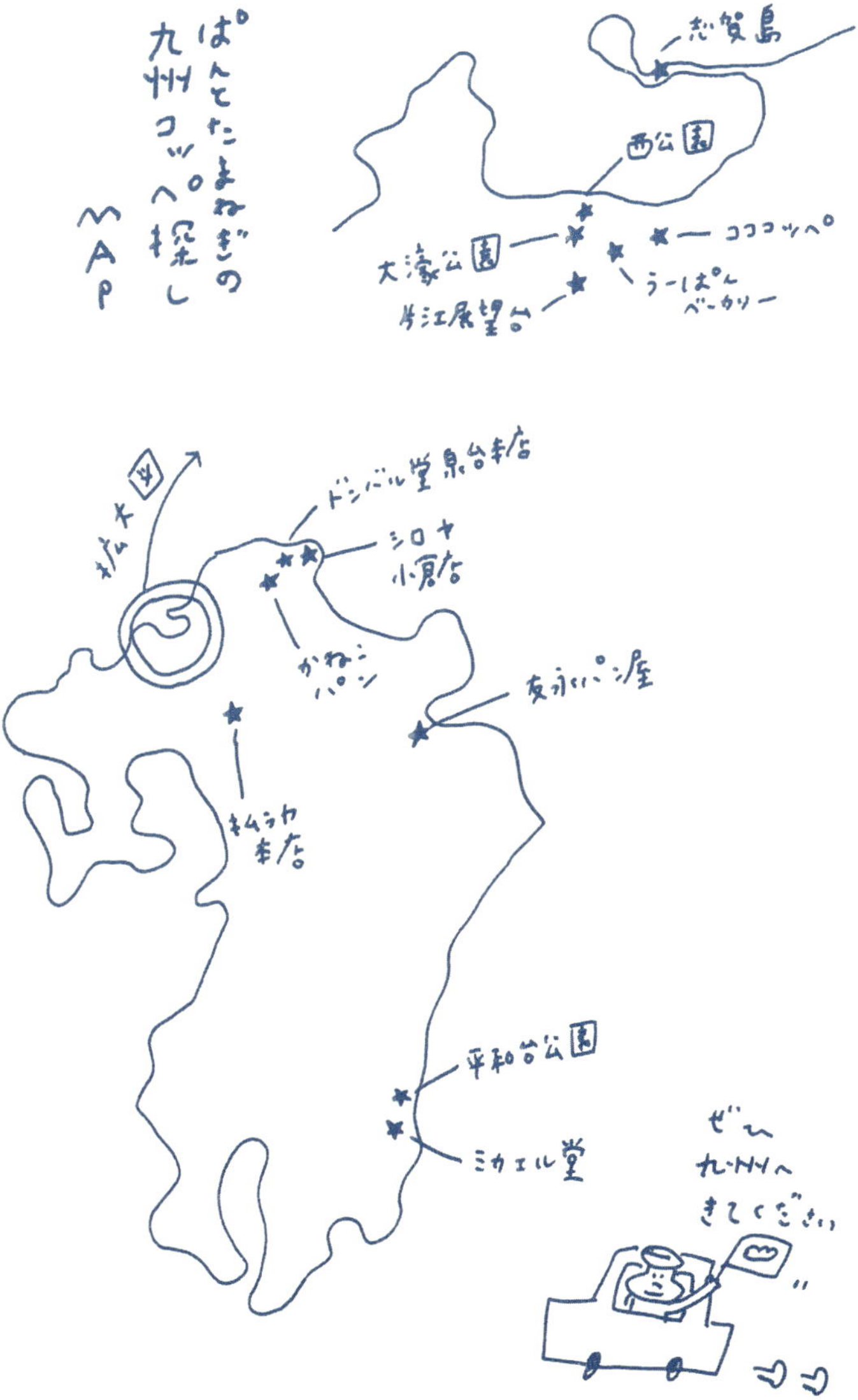
ぱんとたまねぎの九州コッペ探しMAP
志賀島
西公園
大濠公園
ココ コッペ
うーぱんベーカリー
片江展望台
ドンバル堂泉台本店
シロヤ小倉店
かねこパン
友永パン屋
キムラヤ本店
平和台公園
ミカエル堂
ぜひ九州へきてください

あとがき　コッペパンとカセットテープ

コッペパンがこんなにも求められている理由はどこにあるのだろうと、ずっと探していた。鍵となる言葉が『フジパン』マーケティング部の小山春菜さんの話の中にあった。

「昔のものを再現するだけでも、若い世代にとっては新しいものになるのかなあ、と。食べものではないですけど、例えばカセットテープ」

コッペパンはカセットテープ！　なんとも、しっくりくるたとえだ。程なくして、本屋で『カセットテープ時代』という一冊を見つけ、めくってみると、やっぱり、コッペパンにもそのまま当てはまるのではと思えるくだりがあった。

「カセットテープってひとつの時代を彩るアイコンというか、郷愁を感じる要素はすごくあって、それはレコードではないんですよ。レコードは、アーティストが演奏したものを聴くだけで受け身なんですよ。カセットは自分の好きな音を吹き込めて自分の分身みたいなものを作れるので、メディアとして、より愛着があるんですよ」　（「松崎順一が語るカセットテープとラジカセの魅力」より）

「自分の好きな音を吹き込めて自分の分身みたいなものを作れる」というところに、コッペパンの具はこれとこれを、と注文して、目の前でそれを挟んでもらう場面が重なる。

ただ懐かしいだけではなく、個人的な記憶と絡み付いて離れない、それだけの力を持っているコッペパンだから、これから新たに出合う人たちにも、きっとずっと馴染み、いつか思い出に刻まれるはずだ。


これまで、例えば『銀座ウエストのひみつ』では洋菓子メーカーの物語、『コーヒーゼリーの時間』では甘味、そして2012年より発行しているミニコミは『のんべえ春秋』と題してお酒あれこれと、主に、必需品ではなく嗜好品を題材としてきた私にとって、この本ははじめて「生活の糧」に的を絞った一冊となります。

『福田パン』の福田潔さんを紹介して下さった、まちの編集室の木村敦子さん、水野ひろ子さん、赤坂環さん、コッペパンの明るさや力強さをそのまま装丁に映してくれた戸塚泰雄さん、『コーヒーゼリーの時間』に続いて編集を担当してくれた松本貴子さん、どうも有難うございます。

そして、コッペパンについて快く話を聞かせてくれ、写真も撮らせてくれた皆さまに、感謝です。

木村衣有子

2016年　山ぶどうジュースの秋

木村衣有子（きむら・ゆうこ）

文筆家。１９７５年、栃木県生まれ。立命館大学産業社会学部卒。２００２年より東京在住、東北に足繁く通い続ける。のんべえによるのんべえのためのミニコミ『のんべえ春秋』編集発行人。コーヒーとクラフトとプロ野球を愛す。

http://mitake75.petit.cc/

twitter　@yukokimura1002

Instagram　@hanjiro1002

〈主な著書〉『京都カフェ案内』『京都の喫茶店』『東京骨董スタイル』『猫の本棚』（以上、平凡社）『銀座ウエストのひみつ』『大阪のぞき』（以上、京阪神エルマガジン社）『もの食う本』（ちくま文庫）『コーヒーゼリーの時間』（産業編集センター）『はじまりのコップ―左藤吹きガラス工房奮闘記』（亜紀書房）

助言

池田浩明（いけだ・ひろあき）

１９７０年、佐賀県生まれ。パンライター。パンの研究所「パンラボ」主宰。ブレッドギーク（パンおたく）。パンを食べまくり、パンを書きまくる。主な著者に『食パンをもっとおいしくする99の魔法』『サッカロマイセス セレビシエ』（ガイドワークス）『パン欲』（世界文化社）などがある。

イラスト

ぱんとたまねぎ／林　舞（はやし・まい）

１９８３年、福岡県北九州市生まれ。イラストレーター、デザイナー。パン愛好家。パン好きが高じて京都に移り住み、２００６年よりパンにまつわるフリーペーパー『ぱんとたまねぎ』の発酵（＝発行）と共に活動を開始。現在は福岡市在住。ぱんとたまねぎは、「あなたとならば、パンとたまねぎだけの貧乏暮らしでかまわない」というスペインのプロポーズのことばから。著書に『パン語辞典』（誠文堂新光社）『世界のかわいいパン』（パイインターナショナル）などがある。

コッペパンの本

2016年11月11日　第1刷発行

文と写真　木村衣有子

デザイン　戸塚泰雄（nu）
イラスト　林舞（ぱんとたまねぎ）
地図作成　斉藤充弘

発行　株式会社産業編集センター
〒112-0011　東京都文京区千石4丁目39番17号
Tel 03-5395-6133　Fax 03-5395-5320

印刷・製本　株式会社東京印書館

 ISBN978-4-86311-138-7　C0077